自然灾害避险与救助

ZIRAN ZAIHAI BIXIAN YU JIUZHU

陈祖朝　丛书主编
王永西　本册主编

中国环境出版社・北京

图书在版编目（CIP）数据

自然灾害避险与救助 / 王永西主编 . -- 北京 :
中国环境出版社，2013. 5（2016.5 重印）
（避险与救助全攻略丛书 / 陈祖朝主编）
ISBN 978-7-5111-1263-7

Ⅰ. ①自… Ⅱ. ①王… Ⅲ. ①自然灾害－灾害防治－普及读物②自然灾害－自救互救－普及读物 Ⅳ. ① X43-49

中国版本图书馆 CIP 数据核字（2013）第 006222 号

出 版 人 王新程
责任编辑 俞光旭
责任校对 唐丽虹
装帧设计 金 喆

出版发行 中国环境出版社
（100062 北京市东城区广渠门内大街 16 号）
网　　址：http://www.cesp.com.cn
电子邮箱：bjgl@cesp.com.cn
联系电话：010-67112765（编辑管理部）
发行热线：010-67125803，010-67113405（传真）
印　　刷 北京市联华印刷厂
经　　销 各地新华书店
版　　次 2013 年 5 月第 1 版
印　　次 2016 年 5 月第 3 次印刷
开　　本 880×1230 1/32
印　　张 6.25
字　　数 130 千字
定　　价 18.00 元

《避险与救助全攻略丛书》编委会

《自然灾害避险与救助》

本册主编： 王永西

编　　者： 王永西　杨文俊

序

安全是人们从事生产生活最基本的需求，也是我们健康幸福最根本的保障。如果没有安全保障我们的生命，一切都将如同无源之水、无本之木，一切都无从谈起。

生存于 21 世纪的人们必须要意识到，当今世界，各种社会和利益矛盾凸显，恐怖主义势力、刑事犯罪抬头，自然灾害、人为事故频繁多发，重大疫情和意外伤害时有发生。据有关资料统计，全世界平均每天发生约 68.5 万起事故，造成约 2 200 人死亡。我国是世界上灾害事故多发国家之一，各种灾害事故导致的人员伤亡居高不下。2012 年 7 月 21 日，首都北京一场大雨就让 77 人不幸遇难；2012 年 8 月 26 日，包茂高速公路陕西省延安市境内，一辆卧铺客车与运送甲醇货运车辆追尾，导致客车起火，造成 36 人死亡，3 人受伤； 2012 年 11 月 23 日，山西省晋中市寿阳县一家名为喜羊羊的火锅店发生液化气爆炸燃烧事故，造成 14 人死亡，47 人受伤……

灾难的无情和生命的脆弱再一次考问人们，当自然灾害、紧急事故、社会安全事件等不幸降临在你我面前，尤其是在没有救护人员和专家在场的生死攸关的危难时刻，我们该怎样自救互救拯救生命，避免伤亡事故发生呢？

带着这些问题，中国环境出版社特邀了长期在抢险救援及教学科研第一线工作的多位专家学者，编写并出版了这套集家庭突发事件、出行突发事件、火灾险情、非法侵害、自然灾害、公共场所事故为主要内容的“避险与救助全攻略丛书”，丛书的出版发行旨在为广大关注安全、关爱生命的朋友们支招献策。使大家在灾害事故一旦发生时能够机智有效地采取应对措施，让防灾避险、自救互救知识能在意外事故突然来临时成为守护生命的力量。

整套丛书从保障人们安全的民生权利入手，针对不同环境、不同场所、不同对象可能遇见的生命安全问题，以通俗简明、图文并茂的直接解说方式，教会每一个人在日常生活、学习、工作、出行和各种公共活动中，一旦突然遇到各种灾害事故时，能及时、正确、有效地紧急处置应对，为自己、家人和朋友构筑起一道抵御各种灾害事故危及生命安全的坚实防线，保护好自己和他人的生命安全。但愿这套丛书能为翻阅它的读者们，打开一扇通往平安路上的大门。

借此要特别说明的是：在编写这套丛书的过程中，我们从国内外学者的著作（包括网络文献资料）中汲取了很多营养，并直接或间接地引用了部分研究成果和图片资料，在此我们表示衷心的感谢！

祝愿读者们一生平安！

编委会

前　言

地球上的自然变异，包括人类活动诱发的自然变异，无时无刻不在发生，当这种变异给人类社会带来危害时，即构成自然灾害。我国是世界上自然灾害种类最多的国家之一，其中威胁人类生存的自然灾害有地震灾害、地质灾害、气象灾害、海洋灾害、水旱灾害和森林草原火灾六大类。自然灾害对人类社会所造成的危害往往是触目惊心的。据民政部、国家减灾委办公室发布的 2011 年自然灾害损失情况，各类自然灾害造成全国 4.3 亿人次受灾，1 126 人死亡（含失踪 112 人），939.4 万人次紧急转移安置；农作物受灾面积 3 247 万 hm^2，其中绝收 289.2 万 hm^2；房屋倒塌 93.5 万间，损坏 331.1 万间；直接经济损失 3 096.4 亿元（不含港澳台地区数据）。我们要从科学的意义上认识这些灾害的发生、发展，掌握自然灾害应急自救常识，尽可能地减小它们所造成的危害。

编者查阅大量的自然灾害档案，认真分析自然灾害形成的原因和危害，参考国内外有关专家对自然灾害的研究成果，结合多年从事应急救援的经历，介绍了地震灾害、地质灾害、气象灾害、海洋灾害、水旱灾害和森林草原火灾六大类自然灾害的形成、危害和自救措施，旨在让人们认识自然灾害，提高人们在面对自然灾害时的自救能力。本书图文并茂，通俗易懂，联系实际，可读性强。相信广大读者在读了本书之后，一定会大受启发，一旦遇到自然灾害，能冷静、恰当地处置应对，尽量避免自然灾害的伤害，最大限度地减少自然灾害对我们造成的损失。

本书第一、二、三章由公安消防部队昆明指挥学校王永西编写，第四、五、六章由公安消防部队昆明指挥学校杨文俊编写。由于我们理论水平和实践经验有限，书中错误和不足之处在所难免，恳请广大读者批评指正。

编　者

目录

1 第一章　地　震

17 第二章　地质灾害

一、滑坡 /17
二、泥石流 /26
三、火山喷发 /31
四、崩塌 /35
五、地面塌陷 /37
六、地裂缝 /43
七、地面沉降 /46

52 第三章　气象灾害

一、台风 /52
二、龙卷风 /65
三、道路结冰 /72
四、低温冷冻 /76
五、冰雪灾害 /86
六、大雾 /89

七、冰雹 /95
八、雷电 /98
九、高温天气 /103
十、沙尘暴 /106
十一、灰霾天气 /112

116 第四章 水旱灾害

一、暴雨灾害 /116
二、山洪灾害 /123
三、融雪洪水 /133
四、冰凌洪水 /136
五、溃坝洪水 /139
六、旱灾 /142

148 第五章 海洋灾害

一、海啸 /148
二、灾害性海浪 /155
三、海冰 /161
四、赤潮 /166
五、风暴潮 /170

175 第六章 森林草原火灾

一、森林火灾 /175
二、草原火灾 /182

第一章　地　震

我国地处世界上两大地震带之间，有些地区就是这两个地震带的组成部分，受它的影响，我国地震活动不仅频度高、强度大，而且地震活动的范围很广，几乎全国各省均发生过强震。我国是一个多地震的国家，20 世纪全球 1/3 的大陆地震发生在我国，我国因地震死亡的人数占全球的一半，新中国成立以来因地震死亡人数占各类自然灾害死亡总人数的一半以上，有历史记载以来，我国各省、自治区、直辖市都发生过 5 级以上地震。据统计，20 世纪以来全球大陆 7 级以上强震，我国约占 35%。

地震常识

地球内部缓慢积累的能量突然释放引起的地球表层的震动叫地震。地震开始发生的地点称为震源，震源正上方的地面称为震中，震中到震源的深度称为震源深度，破坏性地震的地面震动最烈处称为极震区，极震区往往也就是震中所在的地区，如图 1.1 所示。地震所引起的地面震动是一种复杂的运动，它是由纵波和横波共同作用的结果。在震中区，纵波使地面上下颠动，横波使地面水平晃动。由于纵波传播速度较快，衰减也较快，横波传播速度较慢，衰减也较慢，因此离震中较远的地方，往往感觉不到上下跳动，但能感到水平晃动。

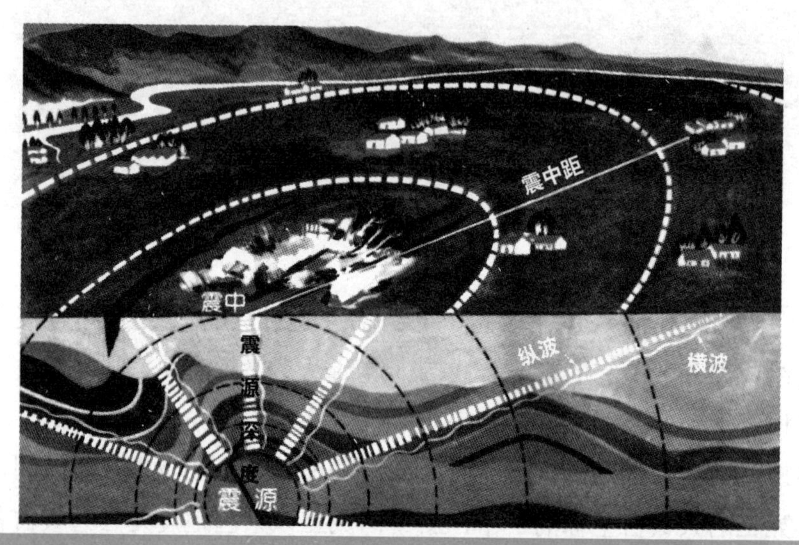

图 1.1 地震示意图

地震释放的能量决定地震的震级，释放的能量越大，震级越大。震级是以一次地震所释放的地震波能量来度量的，一次地震只有一个震级。地震相差一级，能量相差约30倍。1995年日本大阪、神户7.2级地震所释放的能量相当于1 000颗“二战”时美国向日本广岛长崎投放的原子弹的能量。

地面受到地震的影响和破坏的程度用烈度表示，它用“度”来表示。烈度与地震波的能量成正比，一般而言，震级越大，烈度就越高。同一次地震，震中距不同的地方烈度就不一样。一般情况下，震中地区受破坏的程度最高，其烈度值称为震中烈度，随着震中距的增加，地震造成的破坏逐渐减轻。烈度的大小除了震级、震中距外，还与震源深度、地质构造和岩石等因素有关。

震级只跟地震释放的能量多少有关，是表示地震大小的度量，所以一次地震只有一个震级；而烈度表示地面受到的影响和破坏程度，则各地不同，但震中烈度只有一个。多数浅源地震的震中烈度与震级的关系见表 1.1。

表 1.1　震中烈度与震级的关系

震　级	2	3	4	5	6	7	≥8
震中烈度 / 度	1～2	3	4～5	6～7	7～8	9～10	11～12

形成原因

地球上每天都在发生地震，一年约有 500 万次，其中约 5 万次人们可以感觉到；可能造成破坏的约有 1 000 次；7 级以上的大地震，平均每年有十几次。那地震是怎么发生的呢？

地球内部的情况很复杂，从地表到地球中心主要可分地壳、地幔、地核 3 个圈层，地壳平均厚度约 3.3km，大多数地震发生在地壳和地幔上部边缘的岩石里。

产生地震的原因是由于地球内部物质在不断地运动和变化，经漫长的年代逐渐积累了大量的能量，在地壳脆弱的地带，比如地球板块的边缘，当承受不了巨大的应力时，岩层就会突然发生水平上的破裂或垂直的断层错动，引起地震。

地球上板块与板块之间相互挤压碰撞，造成板块边沿及板块内部产生错动和破裂，是引起地面震动（即地震）的主要原因。

分　类

1．按成因分

按地震的成因，地震一般分为构造地震、火山地震、塌陷地震和诱发地震等，如图 1.2 所示。

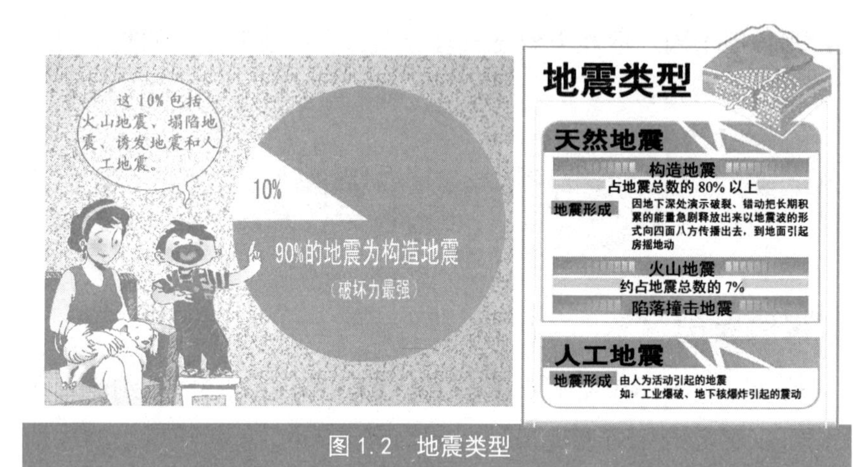

图 1.2 地震类型

（1）构造地震：由于地下深处岩层错动、破裂所造成的地震。这类地震发生的次数最多，占全球地震总数的 90% 以上，破坏力也最大。汶川地震就属于此类地震。

（2）火山地震：由于火山作用，如岩浆活动、气体爆炸等引起的地震称为火山地震。火山地震一般影响范围较小，发生的次数也较少，只有在火山活动区才可能发生火山地震，这类地震只占全世界地震的 7% 左右。

（3）塌陷地震：由于地下岩洞或矿井顶部塌陷而引起的地震称为塌陷地震。这类地震的规模比较小，次数也很少，即使有也往往发生在溶洞密布的石灰岩地区或大规模地下开采的矿区。例如，当地下溶洞支撑不住顶部的重量时，就会塌陷引起震动。这类地震更少，约占全球地震总数的 3%，引起的破坏也较小。

（4）人工地震：又称诱发地震。由于人为活动产生或引起的地震，如工业爆破、由地下核爆炸、水库蓄水、油田抽水和注水、矿山开采等活动引起的地震。

2. 按震源深度分

按照震源深度，可将地震分为下列3类：

（1）浅源地震：震源深度在70km以内。

（2）中源地震：震源深度为70～300km。

（3）深源地震：震源深度超过300km。

世界上大多数地震的震源分布在地下5～20km这一带，也有比较浅和更深的。一年中全世界所有地震释放的能量约有85%来自浅源地震，12%来自中源地震，3%来自深源地震。

案例回放

2008年“5·12”四川汶川大地震波及四川省全境及甘肃、陕西等16个省（区、市），灾区总面积约50万km^2、受灾群众4 625万多人，其中极重灾区、重灾区面积13万km^2，造成69 227名同胞遇难、17 923名同胞失踪，需要紧急转移安置受灾群众1 510万人，房屋大量倒塌损坏，基础设施大面积损毁，工农业生产遭受重大损失，生态环境遭到严重破坏，直接经济损失8 451亿多元，汶川县城地震前后如图1.3所示。20世纪，世界上两次造成死亡20万人以上的特别严重的地震灾害全都发生在我国，1920年发生在宁夏海原的8.5级大地震，有24.6万人罹难，1976年河北唐山7.8级大地震，又夺去了24.2万人的生命。又如，海城1975年地震发生在严寒季节，住在临时防震棚中的人们冻死372人，冻伤578人。

图 1.3 汶川县城地震前后

危害 地震往往突然而至，在短短几秒到几分钟的时间，就可以夺走成千上万人的生命，将一座现代化的城市毁于一旦。地震常常造成严重的建筑物坍塌、人员伤亡及财产损失，引起火灾、水灾、有毒气体泄漏、细菌及放射性物质扩散，还可能造成海啸、滑坡、泥石流、崩塌、地裂缝等次生灾害。

1. 造成大量人员伤亡

由于地震发生后出现大范围房屋倒塌和地面破坏，而且往往在瞬间突发，使人们来不及作出有效反应和抗御，造成大量人员埋压，或受火灾等威胁，震区灾民无法逃生，最终导致震区伤亡人数不断增加。如 1995 年 1 月 17 日，日本阪神发生 7.1 级地震，此次地震死亡人数达到 5 466 人，3 万多人受伤，几十万人无家可归，受灾人口达 140 万人，被毁坏房屋超过 10 万栋，生命工程和公共设施严重破坏，地震造成的经济损失总计超过 960 亿美元。

2. 造成严重的建筑物坍塌

由于地震是一种地质剧变现象，瞬发时往往给地面上的人和物造成整体性破坏。地震造成震区产生断裂层错动、地面倾斜、升降和变形，导致大片居民住宅、高层建筑、城市高架、桥梁等建（构）筑物倒塌和城镇基础设施被毁。大震级的地震还会给广大的地区造成毁灭性的灾难。

3. 易引发次生灾害

地震灾害不仅直接造成建筑物倒塌、设施毁坏和人员伤亡，而且还极易引发火灾、水灾和细菌、放射性物质扩散、毒气泄漏污染，以及山崩、滑坡、地裂、坍塌和震灾后的瘟疫、饥荒等次生灾害，从而使灾后雪上加霜。2004 年 12 月 26 日因印度洋地震引发印度洋海啸，造成 15.6 万人死亡，这可能是世界近 200 多年来死伤最惨重的海啸灾难。由于地震的突发性和破坏性极强，在给人类造成巨大的灾难之后，地震除造成原生灾害和直接灾害之外，还会引发很多社会问题。大量的家庭解体、绝户，以及孤、老、残和职工的安置问题。如四川汶川大地震造成了 500 万人无家可归。

4. 火灾危险性大

由于地震导致可燃气体泄漏、供电设施毁坏等，极易形成地震火灾，而且火灾大多在同一时间多处发生，蔓延速度极快，最后往往扩大成“火烧连营”，地震后整个城市处于一片火海当中，而且，火灾还不容易扑救，因为地震极有可能破坏了消防灭火设施，给灭火带来困难。如 1923 年 9 月 1 日 11 时 58 分日本关东 8.3 级大地震，震灾以东京、横滨、横须贺、小田原等地最为严重，由于当时正值中午，地震时人们慌于逃命，没有及时关闭火源，到处是一片火海，加之风大，又在高层建筑物之间形成“火流”，使处于“火流”流窜的东京一处空地上3.3万余人无路可逃而被活活烧死。这次地震死亡的14.3万人中，90%是被火烧死。

防御对策

由于地震的发生较为频繁，也往往突如其来，那么，日常生活中，在不同的场所，我们该怎样做好防震工作？

1．家庭防震

（1）做好预防地震的准备，以每人平均保存5天的分量准备食物和水。

（2）准备一些防灾用品，如头巾、手电筒、急救药品、蜡烛、半导体收音机以及一些逃生用具。

（3）急救用具要放在某一固定并且容易拿到的地方。

（4）家中高悬的物品应绑牢，橱柜门闩宜锁紧。重物不要置于高架上，绑牢笨重家具。

（5）事先找好家中安全避难处。

（6）家中应准备急救箱及灭火器，并告知家人所储放的地方，了解使用方法。

2．办公场所防震

（1）经常检查消防设备，保证消防通道畅通。

（2）应加强天花板上物品（如灯具）的紧固，防止地震时砸伤。

（3）地震时躲在办公桌或坚固的家具下或靠支柱站立，应注意远离窗户。

（4）地震时切忌使用电梯。

（5）经常开展防震演习。

地震发生时，至关重要的是要有清醒的头脑，镇静自若的态度。只有镇静，才有可能运用平时学到的防震知识并判断地震的大小和远近。近震常以上下颠簸开始，之后才左右摇摆。远震却少上下颠簸感觉，而以左右摇摆为主，而且声脆，震动小。一般小震和远震不必外逃。

由此可见，地震，虽然目前人类还不能完全避免和控制，但是只要能掌握自救、互救技能，就能使灾害降到最低限度。

1. 家庭避震

（1）地震发生时，应迅速躲在如承重墙墙根、墙角、衣柜、床等结实、在发生坍塌后能形成三角空间掩护身体的物体旁边，如图 1.4 所示。有条件者可利用枕头、脸盆等物护住头部，寻找适当时机进行逃生或等待救援人员的到来。

图 1.4 躲避方法

（2）不要盲目往外跑，建筑物构件在第一次地震后往往已被损坏，伴随着余震的到来极易发生坍塌。地震发生后，慌慌张张地向外跑，碎玻璃、屋顶上的砖瓦、广告牌等掉下来砸在身上是很危险的。此外，水泥预制板墙、自动售货机等也有倒塌的危险，不要靠近这些物体。

（3）千万不要跳楼，不要站在窗外，不要到阳台上去。应远离窗户，防止玻璃震碎后伤人。

（4）居家时应随手关闭电源、火源及煤气，防止地震造成室内煤气、水管、电线断裂后造成伤害。

（5）平时要事先想好万一被关在屋子里如何逃脱的方法，准备好梯子、绳索等。

温馨提示

（1）为了您自己和家人的人身安全请躲在桌子等坚固家具的下面，倘若没有坚实的家具，应站在门口。

（2）千万不要跳楼，不要上阳台，不要去乘电梯，不要到处跑，不要随人流拥挤，这些地方容易发生垮塌、挤压、踩伤。

（3）切勿试图冲出房屋，不要慌张地向户外跑，这样被砸伤的可能性极大。

（4）将门打开，确保出口畅通。

（5）震后要迅速撤离，以防强余震。

2. 户外避震

（1）地震发生时若人员在室外，可原地不动蹲下，应双手交叉放在头上，最好用合适的物件罩在头上，跑到空旷的地方去。

（2）保护好头部，避开危险之处。在繁华街、楼区，最危险的是玻璃窗、广告牌等物掉落下来砸伤人，要注意用手或手提包等物保护好头部。

（3）为避免地震时失去平衡，应躺在地上。

（4）若在郊外，应远离崖边、河边、海边，务必注意山崩、断崖落石或海啸，立即找空旷的地方避难。

（5）若在海边，则尽快向远离海岸线的高处转移，避免地震可能产生的海啸的袭击。

（6）在山边、陡峭的倾斜地段，有发生山崩、断崖落石的危险，应迅速到安全的场所避难。

温馨提示

（1）注意避开高大的建筑物，特别是有玻璃外墙的高大建筑物、烟囱、水塔、广告牌、路灯、大吊车、砖瓦堆、油库、危险品仓库、立交桥、过街天桥、危旧房屋、狭窄的街道等危险之地。

（2）注意避开人多的地方，不要慌张地往室内冲。

（3）在海岸边，有遭遇海啸的危险，掀起的海浪，会急剧升高，如果此时在海滩应迅速离开沙滩，到高地上躲避。

（4）如果地震发生时正在野外，应避开山边的危险环境，如山脚、陡崖，以防山崩、滚石、泥石流等。

（5）遇到山崩、滑坡，要向垂直于滚石前进方向跑，也可躲在结实的障碍物下，或蹲在地沟、坎下，特别要保护好头部。

3. 公共场所避震

案例回放

2012 年“9·7”云南彝良地震发生时，彝良县第一高级中学 5 000 名师生地震逃生，无一伤亡。因为该校经常进行地震逃生演习，师生都已熟知地震逃生的妙招。

一年两次地震演习，当地震来临时，“躲桌下、跑楼下”已经成为云南省彝良县第一高级中学绝大部分师生的条件反射。“当时没想应该做什么、需要做什么，结果发现自己已经到了操场。”16岁的女生张安辉说。

2012年9月9日下午，戴着小红帽、胸别团徽的张安辉正同伙伴们在操场一排排的蓝色帐篷旁打扫卫生。附近，许多学生正忙着在帐篷内搭建床铺。学校广播里正在播放地震防震知识。操场一侧的主席台上，223班语文老师罗方剑正和其他十几名老师一起在地铺上或坐或躺。“我们晚上还要执勤，休息一小会儿。”罗方剑说。这个中学按班级成立的先后进行命名，目前的班级是从200班到268班，有学生4 720名，教师和行政人员200余名。

9月7日，这些学生在第一次地震后的第一时间全部安全疏散到操场空地，无一人受伤。学校政教主任季兴毅说：“当时我正在5楼教室的悬挂黑板上写物理题，突然黑板摇晃起来，接着整个教室左右大幅摇摆，茶杯甩出讲台摔得粉碎。我使劲扶着讲台，喊‘快蹲下’，下意识往讲台下躲……大概过了5秒钟，不晃了，我就喊‘快跑’！”

于是，前三排学生从前门跑出，后四排学生从后门跑出。接着走廊上传来其他老师的声音：“快点……慢点……注意点”。215班有一位腿有残疾的同学，班主任陶绍春说：“他被正在上课的英语老师和其他两位同学扶着下来了。”

就这样，地震来临时，所有同学的第一反应就是往桌下躲，第二反应就是往操场集合。操场分成3块较大的区域，又由3个班组成一个单位集合，学生到指定的地方集合。全校地震应急演习每年两次。季兴毅说：“近年是5月12日一次，新生军训结束一次。结果是，地震来了，我们做到了，连一个脚扭伤的师生也没有。”

这样的奇迹在汶川地震的时候，也曾经发生过。当时，四川省安县桑枣中学全校2 300多名师生仅仅用了1分36秒，就全部撤离到安全的地方，而这一奇迹就源于学校每学期组织学生进行的疏散演习。

在公共场所遇到地震时，里面的人会因惊恐而导致拥挤，往往找不到逃生的出口，这时需要镇静，定下心来小心选择出口，不要乱跑乱窜，避免人群推挤。

（1）在学校、商场、影剧院、地下街等人员较多的地方，最可怕的是发生混乱，请按照工作人员的指示行动。

（2）地震发生时，应迅速躲在如承重墙墙根、墙角、衣柜、床等结实、在发生坍塌后能形成三角空间掩护身体的物体旁边，有条件者可利用枕头、脸盆等物体护住头部，寻找适当时机进行逃生或等待救援人员的到来，如图1.5所示。

图1.5 躲在柱子旁

（3）如发生火灾，即刻会充满烟雾，以压低身体的姿势避难，并做到绝对不吸烟。

（4）在发生地震时，不能使用电梯。万一在搭乘电梯时遇到地震，将操作盘上各楼层的按钮全部按下，一旦停下，迅速离开电梯，确认安全后避难。

（1）在学校、商店、影剧院等人员聚集的场所遇到地震，特别是当场内断电时，不要乱喊乱叫，更不要乱挤乱拥，应就地蹲下或躲在课桌、椅子或坚固物品下面。

（2）注意避开吊灯、电扇等悬挂物，用皮包等物保护好头部，地震过后再有序撤离。

（3）万一被关在电梯中的话，请通过电梯中的专用电话与管理室联系、求助。

4. 驾车时的避震

发生大地震时，汽车会像轮胎泄了气似的，无法把握方向盘，难以驾驶。

（1）若在行驶的汽车内，司机应及时停车，抓牢扶手，以免摔倒或碰伤；降低重心，躲在座位附近，待地震过去后再下车。

（2）避开十字路口将车子靠路边停下，为了不妨碍避难疏散的人和紧急车辆的通行，要让出道路的中间部分。

（3）行驶中的车辆，不要紧急刹车，应减低车速，靠边停放。地震时，大桥会震毁，此时停车于桥上或躲避于桥下均有危险。

（1）都市中心地区的绝大部分道路将会全面禁止通行。充分注意汽车收音机的广播，附近有警察的话，要依照其指示行事。

（2）如在桥上遇到地震，应迅速离开桥身。若行驶于高速公路或高架桥上，应小心迅速驶离。

（3）必要避难时，为不致卷入火灾，请把车窗关好，车钥匙插在车上，不要锁车门，并和当地的人一起行动。

5．埋压自救

（1）要保持呼吸畅通，挪开头部、胸部的杂物，闻到煤气、毒气时，用湿衣服等物捂住口、鼻。

（2）避开身体上方不结实的倒塌物和其他容易引起掉落的物体。

（3）扩大和稳定生存空间，用砖块、木棍等支撑残垣断壁，以防余震发生后环境进一步恶化。

（4）设法脱离险境。如果找不到脱离险境的通道，尽量保存体力，用石块敲击能发出声响的物体，向外发出呼救信号，不要哭喊、急躁和盲目行动，这样会大量消耗精力和体力，尽可能控制自己的情绪或闭目休息，等待救援人员到来。如果受伤，要想办法包扎，避免流血过多。

（5）维持生命。如果被埋在废墟下的时间比较长，救援人员未到，或者没有听到呼救信号，就要想办法维持自己的生命，防震包的水和食品一定要节约，尽量寻找食品和饮用水，必要时自己的尿液也能起到解渴作用。

（6）如果你在三脚架区，可以利用旁边的东西来护住自己，以免余震再次把自己伤害，再把手和前胸伸出来，把脸前的碎石子清理干净，让自己可以呼吸，等人来救你。

（1）保持镇静，不要惊慌，要沉着，分析所处环境，寻找出路，

等待救援。

（2）树立生存的信心，相信会有人来救你，要千方百计保护自己。

（3）不要乱喊、乱叫，乱喊乱叫会加速新陈代谢，增加氧的消耗，使体力下降，耐受力降低；同时，大喊大叫必定会吸入大量烟尘，易造成窒息，增加不必要的伤亡。

（4）不要盲目行动，避免造成二次坍塌。

第二章　地质灾害

根据2004年国务院颁发的《地质灾害防治条例》规定，地质灾害通常指由于地质作用引起的人民生命财产损失的灾害。地质灾害可划分为30多种类型。由降雨、融雪、地震等因素诱发的称为自然地质灾害；由工程开挖、堆载、爆破、弃土等引发的称为人为地质灾害。常见的地质灾害主要有崩塌、滑坡、泥石流、地面塌陷、地裂缝、地面沉降6种灾害。

一、滑坡

滑坡是指斜坡上的土体或者岩体，受河流冲刷、地下水活动、地震及人工切坡等因素影响，在重力作用下，沿着一定的软弱面或者软弱带，整体地或者分散地顺坡向下滑动的现象，俗称“走山”、“垮山”、“地滑”、“土溜”等。

案例回放

2012年10月4日8时许云南彝良发生山体滑坡，已致19人遇难，据了解，发生山体滑坡时，田头小学的学生还在教室上课，因此造成多数人员伤亡，且都是学生。相关部门透露，持续的降雨和“9·7”彝良地震可能是山体滑坡的诱因。

形成原因

1. 山体滑坡的原因

山体滑坡的原因主要有自然原因及人为原因两种。

自然原因：一是山坡本身就陡；二是地质构造造成分离坡体；三是山坡属于岩性，缺少植被，下雨导致山坡摩擦系数减小。

人为原因：一是开挖山脚，造成山体坡度变大；二是蓄水排水，毁坏植被，使山体摩擦系数变小。

2. 产生滑坡的基本条件

产生滑坡的基本条件是斜坡体前有滑动空间，两侧有切割面。例如我国西南地区，特别是西南丘陵山区，最基本的地形地貌特征就是山体众多，山势陡峻，土壤结构疏松，易积水，沟谷河流遍布于山体之中，与之相互切割，因而形成众多的具有足够滑动空间的斜坡体和切割面。

3. 影响因素

（1）降雨对滑坡的影响。

降雨对滑坡的作用主要表现在，雨水的大量下渗，导致斜坡上的土石层饱和，甚至在斜坡下部的隔水层上积水，从而增加了滑体的重量，降低土石层的抗剪强度，导致滑坡产生。不少滑坡具有“大雨大滑、小雨小滑、无雨不滑”的特点。如2010年9月1日晚，云南省保山市隆阳区瓦马乡大石房村发生特大型山体滑坡灾害。截至9月4日17时，滑坡已致24人死亡，24人失踪。据介绍，当地地形条件极易引发滑坡、崩塌，其中瓦马乡大石房村和瓦窑镇磨房村等4个村同处一个滑坡体，该滑坡体地质环境脆弱，2010年前期遭遇百年不遇的旱灾，雨季以来的持续强降雨致使该滑坡体的地质活动更为频繁。

（2）地震对滑坡的影响。

首先是地震的强烈作用使斜坡土石的内部结构发生破坏和变化，原有的结构面张裂、松弛，加上地下水也有较大变化，特别是地下水位的突然升高或降低对斜坡稳定是很不利的。另外，一次强烈地震的发生往往伴随着许多余震，在地震力的反复振动冲击下，斜坡土石体就更容易发生变形，最后就会发展成滑坡。

危害 滑坡常常给工农业生产以及人民生命财产造成巨大损失，有的甚至是毁灭性的灾难。滑坡对乡村最主要的危害是摧毁农田、房舍，伤害人畜，毁坏森林、道路以及农业机械设施和水利水电设施等，有时甚至给乡村造成毁灭性灾害。位于城镇的滑坡常常砸埋房屋，伤亡人畜，毁坏田地，摧毁工厂、学校、机关单位等，并毁坏各种设施，造成停电、停水、停工，有时甚至毁灭整个城镇。发生在工矿区的滑坡，可摧毁矿山设施，伤亡职工，毁坏厂房，使矿山停工停产，常常造成重大损失，如图 2.1 所示。

图 2.1　滑坡冲毁道路和房屋

1．如何识别山体滑坡

（1）土质滑坡张开的裂缝延伸方向往往与斜坡延伸方向平行，弧形特征较为明显，其水平扭动的裂缝走向常与斜坡走向直接相交，并较为平直。

（2）岩质滑坡裂缝的展布方向往往受到岩层面和节理面的控制。

（3）当地面裂缝出现时，有可能发生滑坡。

（4）当斜坡局部沉陷，而且该沉陷与地下存在的洞室以及地面较厚的人工填土无关时，将有可能发生滑坡。

（5）山坡上建筑物变形，而且变形建筑物在空间展布上具有一定的规律，将有可能发生滑坡。

（6）泉水、井水的水质浑浊，原本干燥的地方突然渗水或出现泉水，蓄水池大量漏水时，将有可能发生滑坡。

（7）地下发生异常响声，同时家禽、家畜有异常反应，将有可能发生滑坡。

（1）一定不要认为山坡出现裂缝为正常现象。

（2）一定不要根本不在乎。

（3）一定不要不作出正确的判断便惊慌失措。

（4）一定不要将其他因素干扰带来的异常视为滑坡来临的前兆。

2．正确选择避灾场地

发生滑坡后，怎样选择避灾场地？

（1）应在滑坡隐患区附近提前选择几处安全的避难场地。

（2）避灾场地应选择在易滑坡两侧边界外围。在确保安全的情况下，离原居住处越近越好，交通、水、电越方便越好。

专家提示

（1）一定不要将避灾场地选择在滑坡的上坡或下坡。

（2）一定不要不经全面考察，从一个危险区搬迁到另一个危险区。

3．当处在滑坡体上时的逃生自救

当遇到滑坡正在发生时，首先应镇静，不可惊慌失措。为了自救或救助他人，应该做到如下几点：

（1）冷静。当处在滑坡体上时，首先应保持冷静，不能慌乱，慌乱不仅浪费时间，而且极可能做出错误的决定。

（2）向滑坡方向的两侧逃离，并尽快在周围寻找安全地带。要迅速环顾四周，向较为安全的地段撤离。一般除高速滑坡外，只要行动迅速，都有可能逃离危险区段。跑离时，以向两侧跑为最佳方向。在向下滑动的山坡中，向上或向下跑都是很危险的。当遇到无法跑离的高速滑坡时，更不能慌乱，在一定条件下，如滑坡呈整体滑动时，原地不动，或抱住大树等物，不失为一种有效的自救措施。如1983年3月7日发生在甘肃省东乡县著名的高速黄土滑坡——洒勒山滑坡中的幸存者就是在滑坡发生时，紧抱住滑坡体上的一棵大树而得生。

（3）遭遇到山体崩滑时要朝垂直于滚石前进的方向跑。切忌不要在逃离时朝着滑坡方向跑，更不要不知所措，随滑坡滚动，如图

2.2 所示。

（4）当无法继续逃离时，应迅速抱住身边的树木等固定物体。可躲避在结实的障碍物下，或蹲在地坎、地沟里。应注意保护好头部，可利用身边的衣物裹住头部。

图 2.2　滑坡方向

专家提示

（1）逃离时一定不要朝着滑坡方向跑。

（2）一定不要不知所措。

4．当处于非滑坡体时的逃生自救

（1）及时报告对减轻灾害损失非常重要。不要慌张，尽可能将灾害发生的详细情况迅速报告相关政府部门和单位。

（2）做好自身的安全防护工作。遭遇山体滑坡时，首先要沉着冷静，不要慌乱。然后采取必要措施迅速撤离到安全地点。

（3）千万不要将避灾场地选择在滑坡的上坡或下坡。也不要未经全面考察，从一个危险区跑到另一个危险区。同时要听从统一安排，不要自择路线。

专家提示

（1）一定不要认为与 己无关，不予报告。

（2）一定不要只身前去抢险救灾。

（3）一定不要慌不择路，进入危险区。

（4）一定不要不听从统一安排，自择路线。

5. 驱车经过滑坡区时的逃生自救

（1）严密观察，注意安全行驶。

（2）注意路上随时可能出现的各种危险，如掉落的石头、树枝等。

（3）查看清楚前方道路是否存有塌方、沟壑等，以免发生危险。

（1）一定不要不探明情况，便驱车通过。

（2）一定不要刚刚发生滑坡，便通过此地区。

6. 滑坡后该怎么做

（1）不要再闯入已经发生滑坡的地区找寻损失的财物。

（2）马上参与营救其他遇险者。

（3）不要在滑坡危险期未过就回发生滑坡的地区居住，以免再次滑坡发生带来危险。

（4）滑坡已经过去，在确认自家的房屋远离滑坡区域、完好安全后，方可进入生活。

（1）滑坡停止后，一定不要立刻回家检查灾情。

（2）一定不要忽视滑坡会连续发生的危险性。

7. 野外露宿时怎样避免遭遇滑坡

（1）野外露宿时应避开陡峭的悬崖和沟壑。

（2）野外露宿时避开植被稀少的山坡。

（3）非常潮湿的山坡也是滑坡的可能发生地区。

（1）一定不要在已出现裂缝的山坡宿营。

（2）一定不要在余震多发时期进入滑坡多发区。

8. 外出时如何避免遭遇滑坡

（1）尽量避免在震后前往滑坡多发地区。

（2）非要外出时，一定要远离滑坡多发区。

（1）一定不要余震未停便随意外出。

（2）一定不要不在意滑坡的前兆。

9. 山体崩滑时如何逃生

（1）遇到山体崩滑时，可躲避在结实的遮蔽物下，或蹲在地坎、地沟里。

（2）应注意保护好头部，可利用身边的衣物裹住头部。

（1）一定不要顺着滚石方向往山下跑。

（2）必须保护好头部。

10. 如何抢救掩埋人员

（1）将滑坡体后缘的水排干。

（2）应从滑坡体的侧面开始挖掘。

（3）先救人，后救物。

（1）一定不要从滑坡体下缘开挖，这样会使滑坡加快。

（2）一定不要只顾自家，不顾他人。

11. 在易发生滑坡地区如何选择房屋

（1）检查房屋地下室的墙上是否存有裂缝、裂纹。

（2）观察房屋周围的电线杆是否有朝向一方倾斜的现象。

（3）房屋附近的柏油马路是否已发生变形。

（1）住进房屋前一定要做安全检查。

（2）一定不要错把人为原因造成的门、墙裂缝以及电线杆倾斜当做滑坡前兆。

（1）处在滑坡体上时，应保持冷静，不能慌乱，以免浪费时间，做出错误的决定。

（2）如果遇到山体滑坡时来不及转移，应尽快向两侧稳定地区撤离。向滑坡体上方或下方跑都是危险的。

（3）当处于滑坡体中部无法撤离时，可以找一块坡度较缓的开阔地停留，但一定不要和房屋、围墙、电线杆等靠得太近。当无法继续撤离时，应迅速抱住身边的树木等固定物体。

（4）不要在滑坡危险期未过就返回发生滑坡的地带，以免再次发生滑坡时遭遇危险。

（5）当确定自己处于安全地带后，要尽快向相关部门报告灾情。

二、泥石流

泥石流是指在山区或者其他沟谷深壑、地形险峻的地区，因为暴雨、暴雪或其他自然灾害引发的山体滑坡并携带有大量泥沙以及石块的特殊洪流。

案例回放

1969年8月，云南省大盈江流域弄璋区南拱发生泥石流，使新章金、老章金两村被毁，97人丧生，经济损失近百万元。2010年8月7日22时许，甘南藏族自治州舟曲县突降强降雨，县城北面的罗家峪、三眼峪泥石流下泄，由北向南冲向县城，造成沿河房屋被冲毁，泥石流阻断白龙江，形成堰塞湖，1 270人遇难，474人失踪，舟曲5km长、500m宽区域被夷为平地。

甘川公路394km处对岸的石门沟，1978年7月暴发泥石流，堵塞白龙江，公路因此被淹1km，白龙江改道使长约2km的路基变成了主河道，公路、护岸及渡槽全部被毁。该段线路自1962年以来，由于受对岸泥石流的影响已3次被迫改线，如图2.3所示。

图2.3 泥石流堵塞河道

分 类

1. 按物质成分分类

按组成泥石流的物质成分分为泥石流、泥流、水石流三类。由大量黏性土和粒径不等的砂粒、石块组成的叫泥石流；以黏性土为主，含少量砂粒、石块，黏度大、呈稠泥状的叫泥流；由水和大小不等的砂粒、石块组成的称为水石流，如图 2.4 所示。

图 2.4 泥流与泥石流

2. 按流域形态分类

按流域形态分为标准型泥石流、河谷型泥石流、山坡型泥石流三类，如图 2.5 所示。

标准型泥石流，为典型的泥石流，流域呈扇形，面积较大，能明显地划分出形成区、流通区和堆积区。

河谷型泥石流，流域呈狭长条形，其形成区多为河流上游的沟谷，固体物质来源较分散，沟谷中常年有水，故水源较丰富，流通区与堆积区往往不能明显分出。

山坡型泥石流，流域呈斗状，其面积一般小于 1 000 m^2，无明显流通区，形成区与堆积区直接相连。

图 2.5　河谷泥石流和标准泥石流

3. 按物质状态分类

按物质状态分为黏性泥石流、稀性泥石流两种。

黏性泥石流，含大量黏性土的泥石流或泥流。其特征是黏性大，固体物质占 40% ～ 60%，最高达 80%。

稀性泥石流，以水为主要成分，黏性土含量少，固体物质占 10% ～ 40%，有很大分散性。

除此之外，还有多种分类方法，如按泥石流的成因分类有水川型泥石流、降雨型泥石流；按泥石流流域大小分类有大型泥石流、中型泥石流和小型泥石流；按泥石流发展阶段分类有发展期泥石流、旺盛期泥石流和衰退期泥石流等。

危害

泥石流常常具有暴发突然、来势凶猛、迅速的特点，并兼有崩塌、滑坡和洪水破坏的双重作用，危害程度比单一的崩塌、滑坡和洪水的危害更为广泛和严重。据统计，我国有 29 个省（区）、771 个县（市）正遭受泥石流的危害，平均每年泥石流灾害发生的频率为 18 次 / 县。近 40 年来，每年因泥石流直接造成的死亡人数达 3 700 余人。目前我国已查明受泥石流危害或威胁的县级以上城镇有138个，主要分布在甘肃（45个）、四川（34个）、云南（23个）和西藏（13个）等西部省区，受泥石流危害或威胁的乡镇级城镇数量更大。泥石流对人类的危害具体表现在4个方面。

1．对居民点的危害

这也是最常见的危害之一，泥石流冲进乡村、城镇，摧毁房屋、工厂、企事业单位及其他场所设施。淹没人畜、毁坏土地，甚至造成村毁人亡的灾难。据不完全统计，新中国成立后的50多年中，我国县级以上城镇因泥石流而致死的人数已约4 400人，并威胁上万亿元财产，由此可见泥石流对山区城镇的危害之重。

2．对公路、铁路的危害

泥石流可直接埋没车站、铁路、公路，摧毁路基、桥涵等设施，致使交通中断，还可引起正在运行的火车、汽车颠覆，造成重大的人身伤亡事故。有时泥石流汇入河道，引起河道大幅度变迁，间接毁坏公路、铁路及其他构筑物，甚至迫使道路改线，造成巨大的经济损失。

3．对水利、水电工程的危害

主要是冲毁水电站、引水渠道及过沟建筑物，淤埋水电站尾水渠，并淤积水库、磨蚀坝面等。

4．对矿山的危害

主要是摧毁矿山及其设施，淤埋矿山坑道、伤害矿山人员，造成停工停产，甚至使矿山报废。如2010年8月11日18时至12日22时，陇南市境内突发暴雨，引发泥石流、山体滑坡等地质灾害，致使多处交通路段堵塞，电力、通信设施中断，机关单位、厂矿企业和居民住房进水或倒塌。

自救对策

（1）发现河谷里已有泥石流形成，应及时通知大家转移。在逃离过程中，应照顾好老弱病残者。

（2）沿山谷徒步行走时，一旦遭遇大雨，发现山谷有异常的声音或听到警报时，要立即向坚固的高地或泥石流的旁侧山坡跑，不要在谷底停留。

（3）一定要设法从房屋里跑出来，到开阔地带，尽可能防止被埋压。

（4）发现泥石流后，要马上向与泥石流成垂直方向一边的山坡上面爬，爬得越高越好，跑得越快越好，绝对不能向泥石流的流动方向走。

（5）去山地户外游玩时，要选择平整的高地作为营地，尽可能避开河（沟）道弯曲的凹岸或地方狭小高度又低的凸岸。

图 2.6 泥石流淹没房屋

（6）切忌在沟道处或沟内的低平处搭建宿营棚。当遇到长时间降雨或暴雨时，应警惕泥石流的发生，如图 2.6 所示。

（7）可露宿在平整的高地，露宿时避开有滚石和大量堆积物的山坡下面。

温馨提示

（1）连续长时间降雨后，河流突然断流或水势突然加大，并夹有较多柴草、树枝时，注意可能会发生泥石流。

（2）暴雨过后深谷或沟内传来类似火车轰鸣或闷雷般的声音，沟谷深处突然变得昏暗，并有轻微震动感，预示将会有泥石流发生。

（3）发现有泥石流迹象，应立即观察地形，向沟谷两侧山坡或高地跑。

（4）逃生时，要抛弃一切影响奔跑速度的物品。

（5）不要在有大量堆积物的山坡下避风、休息。

（6）不要停留在低洼的地方，也不要攀爬到树上躲避。

（7）切忌在沟道处或沟内的低平处搭建宿营棚。不要在山谷、河滩上和河沟底部露宿。

三、火山喷发

火山喷发是一种奇特的地质现象，是岩浆等喷出物在短时间内从火山口向地表的释放。它是地壳运动的一种表现形式，也是地球内部热能在地表的一种最强烈的显示。由于岩浆中含大量挥发分，加之上覆岩层的围压，使这些挥发分溶解在岩浆中无法溢出，当岩浆上升靠近地表时，压力减小，挥发分急剧被释放出来，于是形成火山喷发，如图 2.7 所示。

图 2.7　火山喷发

案例回放

1951年5月，新疆于田以南昆仑山中部有一座火山爆发，当时浓烟滚滚，火光冲天，岩块飞腾，轰鸣如雷，整整持续了好几个昼夜，堆起了一座145m高的锥状体；位于冰岛南部亚菲亚德拉冰盖的艾雅法拉火山，当地时间2010年4月14日凌晨1时（北京时间9时），火山开始喷发，喷发地点位于冰岛首都雷克雅未克以东125km，岩浆融化冰盖引发洪水，附近约800名居民紧急撤离。

危害

1. 影响气候

火山爆发时喷出的大量火山灰和火山气体，对气候造成极大的影响。因为在这种情况下，昏暗的白昼和狂风暴雨，甚至泥浆雨都会困扰当地居民长达数月之久。火山灰和火山气体被喷到高空中去，它们就会随风飘散到很远的地方。这些火山物质会遮住阳光，导致气温下降。此外，它们还会滤掉某些波长的光线，使得太阳和月亮看起来就像蒙上一层光晕，或是泛着奇异的色彩，尤其在日出和日落时能形成奇特的自然景观，如图2.8所示。

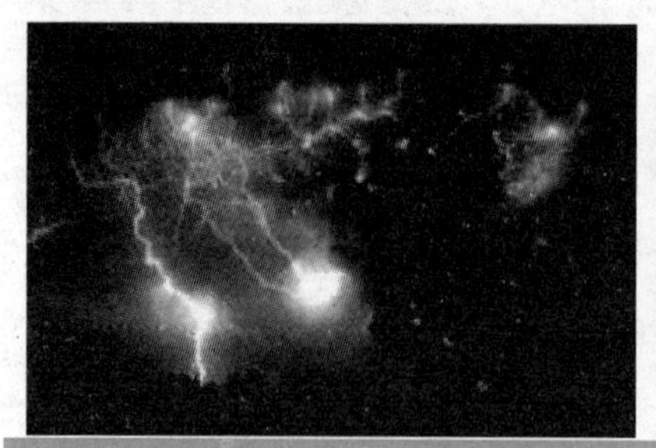

图2.8　火山喷发奇观

2. 破坏环境

火山爆发喷出的大量火山灰和暴雨结合形成泥石流能冲毁道路、桥梁，淹没附近的乡村和城市，使得无数人无家可归。泥土、岩石碎屑形成的泥浆能像洪水一般淹没整座城市。

自救对策

火山爆发会有前兆，比如地表变形，从喷气孔、泉眼等发出奇怪的气体和气味；水位、水温等会异常变化；生物会有异样反应，包括植物褪色、枯死，小动物的行为异常和死亡等。当遭遇火山爆发时，我们应针对火山喷发的性质做出相应的自救反应。

1. 应对熔岩危险

火山爆发喷出的大量炽热的熔岩，它会坚持向前推进，直到到达谷底或者最终冷却。它们毁灭所经之处的一切东西，如图 2.9 所示。在火山的各种危害中，熔岩流可能对生命的威胁最小，因为人们能跑出熔岩流的路线。当看到火山喷出熔岩时，我们可以迅速跑出熔岩流的路线范围。

图 2.9 火山熔岩

2. 应对火山喷射物危险

火山喷射物大小不等，从卵石大小的碎片到大块岩石的热熔岩“炸弹”都有，能扩散到相当大的范围。而火山灰则能覆盖更大的范围，其中一些灰尘能被携至高空，扩散到全世界，进而影响天气情况。如果火山喷发时你正在附近，这时你应该快速逃离，并应戴上头盔或用其他物品护住头部，防止火山喷出的石块等砸伤头部。

3. 应对火山灰危险

火山灰是细微的火山碎屑，由岩石、矿物和火山玻璃碎片组成，有很强的刺激性，其重量能使屋顶倒塌，如图 2.10 所示，火山灰可窒息庄稼、阻塞交通路线和水道，且伴随有毒气体，会对肺部产生伤害，特别是对儿童、老人和有呼吸道疾病的人。只有当离火山喷发处很近、气体足够集中时，才能伤害到健康的人。但当火山灰中的硫黄随雨而落时，硫酸（和别的一些物质）会大面积、大密度产生，会灼伤皮肤、眼睛和黏膜。因此，我们应戴上护目镜、通气管面罩或滑雪镜来保护眼睛，但不能戴太阳镜。用一块湿布护住嘴和鼻子，如果可能，用工业防毒面具。到避难所后，要脱去衣服，彻底洗净暴露在外的皮肤，用清水冲洗眼睛。

图 2.10 火山灰

4. 应对气体球状物危险

火山喷发时会有大量气体球状物喷出，这些物质以每小时 160km 以上的速度滚下火山。这时，我们可以躲避在附近坚实的地下建筑物中，或跳入水中屏住呼吸半分钟左右，球状物就会滚过去。

温馨提示

（1）一旦发现火山爆发的前兆，应该尽快选择交通工具离开，逃离过程中要用头盔或其他物品护住头部防止砸伤。

（2）如果是驾车逃离，那么一定要注意火山灰可使路面打滑。如果火山的高温岩浆逼近，就要弃车尽快爬到高处躲避岩浆。

（3）地球上的火山在爆发时，会辐射出大量的强电粒子流。这种带电粒子束，会影响火山周围电子设备的正常工作以及会出现电子钟表的计时误差。这类似于太空辐射的带电粒子对地球空间的电子通信、电器设备、计时装置等产生的干扰。

四、崩塌

崩塌（崩落、垮塌或塌方）是较陡斜坡上的岩土体在重力作用下突然脱离母体崩落、滚动、堆积在坡脚（或沟谷）的地质现象。产生在土体中者称为土崩，产生在岩体中者称为岩崩，规模巨大、涉及山体者称为山崩。大小不等、零乱无序的岩块（土块）呈锥状堆积在坡脚的堆积物，称为崩积物，也可称为岩堆或倒石堆，如图2.11所示。

图2.11　山体崩塌

案例回放

1980年6月3日，湖北省远安县盐池河磷矿突然发生了一场巨大的岩石崩塌。山崩时，标高830m的鹰嘴崖部分山体从700m标高处俯冲到500m标高的谷地，在山谷中乱石块所覆盖之处，南北长560m，东西宽400m，石块加泥土厚度20m，崩塌堆积的体积共100万m^3，最大的岩块有2 700t重，顷刻之间盐池河上筑起一座高达38m的堤坝，构成一座天然湖泊。乱石块把磷矿区的五层大楼掀倒、掩埋，造成307人死亡，还毁坏了该矿的设备和财产，损失十分惨重。

（1）崩塌会使建筑物，有时甚至使整个居民点遭到毁坏。

（2）崩塌会掩埋公路和铁路，使交通中断，给运输带来重大损失。

（3）崩塌有时还会使河流堵塞形成堰塞湖，这样就会将上游建筑物及农田淹没，在宽河谷中，由于崩塌能使河流改道及改变河流性质，而造成急湍地段。

自救对策

（1）夏汛时节，一定要注意收听当地天气预报，尽量避免在大雨后、连续阴雨天进入山区沟谷。雨季时切忌在危岩（探头石）附近停留。不能在凹形陡坡、危岩凸出的地方避雨、休息和穿行，不要攀登危岩。

（2）如果遇到陡崖往下掉土或石块，不要从下边经过。

（3）处于崩塌体下方时，迅速向两边逃生，越快越好。感觉地面震动时，应立即向两侧稳定地区逃离，如图 2.12 所示。

（4）行车中遭遇崩塌不要惊慌，应注意观察，停车等待或者迅速离开有斜坡的路段。因崩塌造成车流堵塞时，应听从交警指挥，及时接受疏导。

图 2.12　崩塌方向

温馨提示

（1）不要立即进入灾害区去挖掘和搜寻财物。当滑坡、崩塌发生后，后山斜坡并未立即稳定下来，仍不时发生石崩、滑坍，甚至还会继续发生较大规模的滑坡、崩塌。

（2）立即派人将灾情报告有关部门以便尽快展开救援。

（3）查看是否还有滑坡、崩塌的危险，禁止进入划定的危险区。

（4）注意收听广播、收看电视，了解近期是否还会有发生暴雨的可能。收音机、手机等要节约使用，以延长使用时间。

五、地面塌陷

地面塌陷是指地表岩、土体在自然或人为因素作用下，向下陷落，并在地面形成塌陷坑（洞）的一种地质现象。当这种现象发生在有人类活动的

图 2.13　地面塌陷

地区时，便可能成为一种地质灾害。如图 2.13 所示。

分　类

1. 按成因分

根据形成塌陷的主要原因分为自然塌陷和人为塌陷两大类。

（1）自然塌陷

地表岩、土体由于自然因素作用，如地震、降雨、自重等，向下陷落而成，如黄土湿陷。

（2）人为塌陷

由于人为作用导致的地面塌落。

在这两大类中，又可根据具体因素分为许多类型，如地震塌陷、矿山采空塌陷等。

2. 按岩溶发育分

根据塌陷区是否有岩溶发育，分为岩溶地面塌陷和非岩溶地面塌陷两种类型。

（1）岩溶地面塌陷

主要发育在隐伏岩溶地区，是由于隐伏岩溶洞隙上方岩、土体在自然或人为因素作用下，产生陷落而形成的地面塌陷。我国岩溶塌陷分布广泛，除天津、上海、甘肃、宁夏以外的省（区）中都有发生，其中以广西、湖南、贵州、湖北、江西、广东、云南、四川、河北、辽宁等省（区）最为发育。据统计，全国岩溶塌陷总数达 2 841 处，塌陷坑 33 192 个，塌陷面积约 332km^2，造成年经济损失达 1.2 亿元以上。

（2）非岩溶地面塌陷

由非岩溶洞穴产生的塌陷，如采空塌陷，黄土地区黄土陷穴引起的塌陷，玄武岩地区其通道顶板产生的塌陷等，后两者分布较局限。采空塌陷指煤矿及金属矿山的地下采空区顶板易落塌陷，在我国分布较广泛，目前已见于除天津、上海、内蒙古、福建、海南、西藏以外的其他省区（包括台湾省），其中黑龙江、山西、安徽、江苏、山东等省发育较严重，据不完全统计，在全国21个省区内，共发生采空塌陷182处以上，塌坑超过1 592个，塌陷面积大于1 150 km^2，年经济损失达3.17亿元。

在以上两类塌陷中，岩溶塌陷分布广、数量多、发生频率高、诱发因素多，且具有较强的隐蔽性和突发性，严重地威胁到人民群众的生命财产安全。

形成原因

地面塌陷的形成原因中，以人为因素引起的岩溶塌陷和采空塌陷最为常见，据统计，截至2012年，我国24个省市区都有地面塌陷发生，其中主要分布于辽宁、河北、江西、湖北、湖南、四川、贵州、云南、广东、广西等省区。

1. 岩溶塌陷形成原因

岩溶塌陷形成主要有自然和人为两种原因，自然岩溶塌陷的成因包括暴雨、洪水、重力、地震等；人为岩溶塌陷中，成因以坑道排水或突水、抽取岩溶地下水、水库蓄引水为主，共占人为塌陷的92%。人为因素是诱发岩溶塌陷的主要原因。如在2011年统计的632处岩溶塌陷中，自然塌陷有192处，占总数的30.4%，成因不明的有8处，占总数的1.2%，人为因素诱发的432处，占总数的

68.4%；其中矿坑排水诱发的157处，占总数的24.8%，生活用抽水诱发的187处，占总数的29.6%。据湖南省统计，人为因素诱发的岩溶塌陷占总数的86.6%，塌坑占总数的99.8%，而广西人为诱发岩溶塌陷也占总数的77.24%。从上述数字及实地调查看出，凡是矿区大强度排水及过量抽汲岩溶地下水的地区，都是岩溶地面塌陷发育强烈及损失惨重的地区。

人为因素诱发的岩溶塌陷特点是突然、点多，塌坑大小、形状不一，小者不足1 m^2，大者达几百平方米，且发育具有持续性、重复性，发育时间及分布范围也比较集中，因此造成的危害很大。

2. 采空塌陷形成原因

矿山采空区地面塌陷，许多矿区均有发育，尤以北方煤田区最为严重。从成因上看，主要是由于盲目开采及滥采等不合理行为，加之爆破等一些震动因素，使得顶板较薄（最薄不足1m）之处极易塌陷。

案例回放

2008年3月25日凌晨，四川省江安县红桥镇五阁村发生了局部地面塌陷，形成大小不等的3个巨型“天坑”，呈直线展开，长约400m。此后，类似事件不断出现，至2008年7月2日，红桥镇的地陷坑已经增加到16个。

2009年3月1日，湖南省长沙县跳马乡一家村民屋前突然冒出了一个“大水塘”，不远处的农田也多处出现坍塌缺口，不少村民家的房屋出现了地面、墙面开裂现象。

2012年7月31日，北京市西城区露园小区与扣钟北里之间的扣钟胡同路面发生塌陷，塌陷面为直径长约1.5m的圆形，如

图 2.14 所示。

图 2.14 地面塌陷形成大坑

地面塌陷危害较多，无论在城市还是乡村，地面塌陷都是一种灾害，因为它毁坏高速公路和建筑，进而可能造成人员伤亡。此外，它也会造成水质污染。

（1）造成人员伤亡。地面塌陷毁坏高速公路和建筑，加之人员不慎掉入塌陷区，进而可能造成人员伤亡。如 2008 年 11 月 15 日 15 时许，杭州风情大道地铁施工工地突然发生大面积地面塌陷，正在路面行驶的多辆汽车陷入深坑，多名施工人员被困地下。事故造成风情大道路面坍塌 75m，下陷 15m，死亡 17 人，失踪 4 人，受伤 24 人。

（2）毁坏建筑和基础设施。如 2012 年 5 月 27 日，西安一条道路的路面塌陷，毁坏道路，如图 2.15 所示。2009 年 4 月 5 日上午 7 时许，位于成都市一环路西三段路口一段近 30m 的河堤突然塌陷，深达 1m。由于附近酒店的停车场就设在河堤上，5 辆停在河堤上的汽车当场被“吞没”，所幸未造成人员伤亡。如图 2.16 所示。

图 2.15　西安道路塌陷

图 2.16　地面塌陷造成车辆侧翻

（3）污染水源。一旦地面塌陷，地表水将会渗入塌陷处，进入纯净的地下蓄水层，造成水源污染。

防治对策

（1）对已经发生地面塌陷且其稳定性差尚有活动的迹象的地段，要坚决避让，人员居住地、重要设备、厂房、公路等不能修建于其上。

（2）建筑物应尽量避开地下有采空区的地段，原则上主要建筑应避开塌陷地段。

（3）工程设计和施工中要注意消除或减轻人为因素的影响，如设计完善的排水系统，避免地表水大量入渗，对已有塌陷坑进行填堵处理，防止地表水向其汇聚注入等。

温馨提示

（1）严格控制区域地下水的下降，控制地面变形的发生。

（2）减少人类工程活动，如地下工程施工时对岩土体的扰动影响；减少抽水井的数量，减少渗流通道，建立集中供水设施；特别要控制好矿山采石场、建筑工地基坑，以及市政坑道、隧道、地铁等地下工程生产井抽排地下水，避免过量抽排地下水引起地面塌陷发生。

（3）矿山开采引起的地面塌陷，应采用废矿石、矿渣回填充实废弃坑道、填埋塌陷区等措施处理。在隐伏岩溶区，尽量避免大降深抽排地下水，以保持地下水位正常，防止地面塌陷发生。

六、地裂缝

图 2.17　黄土高原上的地裂缝

地裂缝是地面裂缝的简称，是地表岩层、土体在自然因素（地壳活动、水的作用等）或人为因素（抽水、灌溉、开挖等）作用下，产生开裂，并在地面形成一定长度和宽度的裂缝的一种宏观地表破坏现象。有时地裂缝活动同地震活动有关，或为地震前兆现象之一，或为地震在地面的残留变形，后者又称地震裂缝。地裂缝常常直接影响城乡经济建设和群众生活，当这种现象发生在有人类活动的地区时，便可成为一种地质灾害，如图 2.17 所示。

形成原因

地裂缝的形成原因复杂多样。地壳活动、水的作用和部分人类活动是导致地面开裂的主要原因。按地裂缝的成因，常将其分为如下几类：

（1）地震裂缝。各种地震引起地面的强烈震动，均可产生这类裂缝。

（2）基底断裂活动裂缝。由于基底断裂的长期蠕动，使岩体或土层逐渐开裂，并显露于地表而成。

（3）隐伏裂隙开启裂缝。发育隐伏裂隙的土体，在地表水或地下水的冲刷、侵蚀作用下，裂隙中的物质被水带走，裂隙向上开启、贯通而成。

（4）松散土体侵蚀裂缝。由于地表水或地下水的冲刷、侵蚀、软化和液化作用等，使松散土体中部分颗粒随水流失，土体开裂而成。

（5）黄土湿陷裂缝。因黄土地层受地表水或地下水的侵蚀，产生沉陷而成。

（6）胀缩裂缝。由于气候的干、湿变化，使膨胀土或淤泥质软土产生胀缩变形发展而成。

（7）地面沉陷裂缝。因各类地面塌陷或过量开采地下水、矿山地下采空引起地面沉降过程中的岩土体开裂而成。

（8）滑坡裂缝。由于斜坡滑动造成地表开裂而成。

案例回放

湖北省通城县水兴的猪毛山，1954 年发洪水时，山坡上出现了一条地裂缝，长约 30m，裂缝口宽 10cm。1960—1961 年，河北省邯郸、邢台等地出现了大量的地裂缝。事隔几年，在邢台的东北部宁晋县于1966年发生了7.2级地震，并且产生了大量的地裂缝。

地裂缝的出现，会导致地裂山崩、建筑物损毁和人员伤亡。1975年在暴雨成灾的长阳、姊归、宜昌等地发育了大量地裂缝，导致了山崩地塌，毁坏了农田、公路和房舍。1977年在大冶某矿山，坑道的开挖曾引起地面的不均匀沉陷和产生了一些地裂缝，导致十多座房屋损坏。如图2.18所示。

图2.18 地裂缝

防治对策

（1）确定建筑安全距离，减轻地裂缝灾害的影响。

（2）对于地裂缝两侧的建筑，可采取加固的方法，如高压喷射注浆加固地基法，钢筋混凝土梁加固上部结构等。

（3）对横跨或斜跨地裂缝的建筑物，最有效的方法是尽早拆除局部建筑，以保留整体，从而减轻地裂缝灾害损失。

（4）城市或工业区维持生活及工业生产的煤气、天然气、饮用水等管道工程，以及通信电缆、道路、桥梁等工程，对于一般管道工程，如上、下水管道，可作跨越地裂缝的简单处理，如做预应力拱梁，将管道置于拱顶上，或在管道底部铺设一定厚度的碎石垫层。

其他管道可在地裂缝带挖设槽沟，在槽沟中设置活动式支座或收缩式接头，还可设置弹性支座。管道接口要采用橡胶等柔性接头。

（5）对于道路，一般只要在裂缝及影响带内，改整体铺设为预制块体铺设，其下部铺碎石层。对于立交桥工程，可用伸缩缝、活动支座等方法减轻地裂缝活动的影响。对于铁路则应填平地表，调整道渣，防止积水。

温馨提示

（1）采取各种行政、管理手段限制地下水的过量开采。

（2）对已有裂缝进行回填、夯实，并改善地裂区土体的性质。

（3）改进地裂区建筑物的基础形式，提高建筑物的抗裂性能。

（4）对地裂区已有建筑物进行加固处理。

（5）在拆除前，应该查明地裂缝的准确位置，参考建筑物与地裂缝的形状及建筑物的最大破坏宽度，做到既能保证安全，又合乎最佳使用效益，拆除后保留部分可采加固措施，以确保安全使用。

七、地面沉降

图 2.19　地面沉降

地球表面的海拔标高在一定时期内，不断降低的环境地质现象叫地面沉降，又称为地面下沉或地陷，是地层形变的一种形式。它是在人类工程经济活动影响下，由于地下松散地层固结压缩，导致地壳表面标高降低的一种局部的下降运动（或工程地质现象），如图 2.19 所示。

形成原因

地面沉降有自然的地面沉降和人为的地面沉降。造成地面沉降的自然因素是地壳的构造运动和地表土壤的自然压实，一种是在地表松散或半松散的沉积层在重力的作用下，由松散到细密的成岩过程；另一种是由于地质构造运动、地震等引起的地面沉降。人为因素主要是大量开采地下水的大城市和石油或天然气开采区，主要有抽汲地下水引起的地面沉降，采掘固体矿产引起的地面沉降，开采石油、天然气引起的地面沉降，抽汲卤水引起的地面沉降，如图 2.20 所示。截至 2011 年 12 月，我国有 50 余个城市出现地面沉降，长三角地区、华北平原和汾渭盆地已成重灾区。

图 2.20　开采地下水不当造成地面沉降

案例回放

2007 年 1 月 12 日，巴西圣保罗 Pinheiros 地铁站正在建造的竖井边墙出现大面积塌陷，在塌方前地面上的一些在施工机具与卡车内的人员中有 6 人当场死去。

2010 年 11 月 1 日，德国东部城镇施马卡尔登•迈宁根市居民听到一声巨响后发现，街道出现一个大坑，其直径达35m，深12m。附近一辆汽车被“吞进”大坑，另一辆车悬挂在大坑的边上，未造成人员伤亡。

2008年7月初，上海市锦绣路、高科西路路口出现大面积塌陷情况，200多m^2的路面下沉明显，埋藏在地面下的自来水管、燃气管道以及电缆线管线等都受到损坏，一根直径1.2m的主输水管三处发生渗水，严重影响该路口及周边区域交通安全，并引发交通拥堵。

2009年11月7日晚，北京地铁四号线北宫门站往北约300m处的颐和园路路口发生塌陷，长、宽均约3m，深达5m，坑内出现大面积空洞。除了塌陷处，四周路面都十分坚硬。

上海市从1921年发现地面开始下沉，到1965年，最大的累计沉降量已达2.63m，影响范围达400km^2。从1966—1987年的22年间，累计沉降量36.7mm，年平均沉降量为1.7mm。

2010年6月4日上午，南昌市昌南大道某处一路面突然塌陷，造成一个面积近10m^2、深度2m以上的大坑，致使一辆行驶中的轿车的方向盘从中间断裂，前轮不能着力，两个后轮和前保险杠架在路面沥青上，整个车身悬空在坑洞之上，整部车辆几近报废。

2011年1月13日下午，广东佛山高明区荷城街道富湾安华路发生两次地面塌陷，造成1栋3层居民楼倾斜和严重受损，长约75m的安华路面塌陷和周边建筑物或构筑物不同程度开裂，受影响面积约3 000m^2。

地面沉降是一种累进性地质灾害，会给滨海平原防洪排涝、土地利用、城市规划建设、航运交通等造成严

重危害，其破坏和影响是多方面的。其中主要危害表现为：地面标高损失，继而造成雨季地表积水，防泄洪能力下降；沿海城市低地面积扩大、海堤高度下降而引起海水倒灌；海港建筑物破坏，装卸能力降低；地面运输线和地下管线扭曲断裂；城市建筑物基础下沉脱空开裂；桥梁净空减小影响通航；深井井管上升，井台破坏，城市供水及排水系统失效；农村低洼地区洪涝积水使农作物减产等，如图 2.21 所示。

图 2.21 地面沉降造成大坑

（1）造成滨海城市海水侵袭

世界上的许多沿海城市，由于地面沉降致使部分地区地面标高降低，甚至低于海平面，经常遭受海水的侵袭，严重危害当地人民的生产和生活。

（2）损坏港口设施

地面下沉使码头失去效用，港口货物装卸能力下降。美国的长滩市，因地面下沉而使港口码头报废。上海市海轮停靠的码头，原标高 5.2m，至 1964 年已降至 3.0m，高潮时江水涌上地面，货物装卸被迫停顿。

（3）桥墩下沉，影响航运

桥墩随地面沉降而下沉，使桥下净空减小，导致水上交通受阻。上海市的苏州河，原先每天可通过大小船只 2 000 条，航运量达（100 ～ 120）$\times 10^4$t。由于地面沉降，桥下净空减小，大船无法通航，中小船只通航，航运受到影响。

（4）地基不均匀下沉，建筑物开裂倒塌

地面沉降往往使地面和地下建筑遭受巨大的破坏，如建筑物墙壁开裂或倒塌、高楼脱空，深井井管上升、井台破坏、桥墩不均匀下沉、自来水管破裂漏水等。美国内华达州的拉斯维加斯市，因地面沉降加剧，建筑物损坏数目剧增。地面沉降强烈的地区，伴生的水平位移有时也很大，如美国长滩市地面垂直沉降伴生的水平位移最大达到3m，不均匀水平位移所造成的巨大剪切力，使路面变形、铁轨扭曲、桥墩移动、墙壁错断倒塌、高楼支柱和桁架弯扭断裂、油井及其他管道破坏，如图 2.22 所示。

图 2.22　地面沉降造成的裂缝

防治对策

（1）减少地下水的开采量。

（2）调整地下水的开采层次，可将开采上部含水层的层次转向下部含水层，这对地面沉降有一定的缓和作用。

（3）人工回灌地下水含水层，以提高地下水位，达到缓和地面沉降的效果。

（4）查清地下地质构造，对高层建筑物的地基进行防沉降处理。在已发生区域性地面沉降的地区，为减轻海水倒罐和洪涝等灾害损失，还应采取加高固防洪堤、防潮提以及疏导河道，兴建排涝工程等措施。

（5）建立全面地面沉降监测网络，加强地下水动态和地面沉降监测工作。

温馨提示

（1）开辟新的替代水源，推广节水技术。

（2）调整地下水开采布局，控制地下水开采量。

（3）对地下水开采层位进行人工回灌。

（4）实行地下水开采总量控制、计划开采和目标管理。

3 第三章　气象灾害

气象灾害是指大气对人类的生命财产和国民经济建设及国防建设等造成的直接或间接的损害。自 2010 年 4 月 1 日起施行的《气象灾害防御条例》规定，气象灾害是指台风、暴雨（雪）、寒潮、大风（沙尘暴）、低温、高温、干旱、雷电、冰雹、霜冻和大雾等所造成的灾害。气象灾害是自然灾害中最为频繁而又严重的灾害。

一、台风

台风是指中心附近最大平均风力 12 级及以上，风速大于等于 32.6m/s 的热带气旋，是热带气旋四个强度等级中的最高等级。在北太平洋西部、中国南海地区称其为“台风”，在大西洋、加勒比海及北太平洋东部则称其为“飓风”。台风带来的强风、暴雨和风暴潮，对人民生命财产威胁严重。我国是世界上少数几个受热带气旋严重影响的国家之一，在西北太平

图 3.1　桑美台风

洋地区出现的热带气旋，大约 4 个中就有 1 个会在我国登陆，如图 3.1 所示。

1949—1993 年的 45 年中，我国共发生过最大增水超过 1m 的台风风暴潮 269 次，其中风暴潮位超过 2m 的 49 次，超过 3m 的 10 次；共造成特大潮灾 14 次，严重潮灾 33 次，较大潮灾 17 次和轻度潮灾 36 次。另外，我国渤、黄海沿岸 1950—1993 年共发生最大增水超过 1m 的温带风暴潮 547 次，其中风暴潮位超过 2m 的 57 次，超过 3m 的 3 次；造成严重潮灾 4 次，较大潮灾 6 次和轻度潮灾 61 次。

形成原因

在海洋面温度超过 26℃以上的热带或副热带海洋上，由于近洋面气温高，大量空气膨胀上升，使近洋面气压降低，外围空气源源不断地补充流入上升。受地转偏向力的影响，流入的空气旋转起来，而上升空气膨胀变冷，其中的水汽冷却凝结形成水滴时，要放出热量，又促使低层空气不断上升。这样近洋面气压下降得更低，空气旋转得更加猛烈，最后形成了台风。从台风结构看到，如此巨大的庞然大物，其产生必须具备特有的条件：

（1）要有广阔的高温洋面。海水温度要高于 26.5℃，而且深度要有 60m 深。台风是一种十分猛烈的天气系统，每天平均要消耗 12.98 ～ 16.75kJ/cm 的能量，这个巨大的能量只有广阔的热带海洋释放出的潜热才能供应。另外，台风周围旋转的强风，会引起中心附近 60m 深的海水发生翻腾，为了确保海水翻腾中海面温度始终高于 26.5℃，暖水层的厚度必须达 60m。

（2）要有合适的流场。台风的形成需要强烈的上升运动，合适的流场（如东风波，赤道辐合带）易产生热带弱气旋，热带弱气旋气压中间低外围高，促使气流不断向气旋中心辐合并做上升运动，上升过程中水汽凝结释放出巨大的潜热，形成暖心补给台风能量，并使上升运动越来越强。

（3）要有足够大的地转偏向力。如果辐合气流直达气旋中心发生空气堆积阻塞，则台风不能形成。足够大的地转偏向力使辐合气流很难直接流进低气压中心，而是沿着中心旋转，使气旋性环流加强。赤道的地转偏向力为零，向两极逐渐增大，故台风发生地点大约离开赤道 5 个纬距以上，5° ～ 20° 之间。

（4）气流铅直切变要小。即高低空风向风速相差不大，如果高低空风速相差过大，潜热会迅速平流出去，不利于台风暖心形成和维持。纬度大于 20° 的地区，高层风很大，不利于增暖，台风不易出现。

分　类

1．台风级别

国际上以其中心附近的最大风力来确定强度并进行分类，从强到弱分别为超强台风、强台风、台风、强热带风暴、热带风暴、热带低压。

（1）超强台风：底层中心附近最大平均风速大于 51.0m/s，也即风力 16 级或以上。

（2）强台风：底层中心附近最大平均风速 41.5 ～ 50.9 m/s，也即风力 14 ～ 15 级。

（3）台风：底层中心附近最大平均风速 32.7 ～ 41.4 m/s，也即风力 12 ～ 13 级。

（4）强热带风暴：底层中心附近最大平均风速 24.5 ～ 32.6 m/s，也即风力 10 ～ 11 级。

（5）热带风暴：底层中心附近最大平均风速 17.2 ～ 24.4 m/s，也即风力 8 ～ 9 级。

（6）热带低压：底层中心附近最大平均风速 10.8 ～ 17.1 m/s，也即风力 6 ～ 7 级。

2．台风预警

台风预警分为蓝色、黄色、橙色、红色四级，如图 3.2 所示。

图 3.2　台风预警

蓝色预警：24 小时内可能或者已经受热带气旋影响，沿海或者陆地平均风力达 6 级以上，或者阵风 8 级以上并可能持续。

黄色预警：24 小时内可能或者已经受热带气旋影响，沿海或者陆地平均风力达 8 级以上，或者阵风 10 级以上并可能持续。

橙色预警：12 小时内可能或者已经受热带气旋影响，沿海或者陆地平均风力达 10 级以上，或者阵风 12 级以上并可能持续。

红色预警：6 小时内可能或者已经受热带气旋影响，沿海或者陆地平均风力达 12 级以上，或者阵风达 14 级以上并可能持续。

案例回放

我国华南地区受台风影响最为频繁，其中广东、海南最为严重，有的年份登陆以上两省的台风可多达14个。此外，台湾、福建、浙江、上海、江苏等也是受台风影响较频繁的省市。有些台风从我国沿海登陆后还会深入到内陆。在西太平洋沿岸国家中，登陆我国的台风平均每年有7个左右，占这一地区登陆台风总数的35%。台风给登陆地区带来的影响是十分巨大的。如1997年，9711号台风于1997年8月10日上午8时在关岛以东洋面生成，8月18日21时30分在浙江温岭登陆。上海随即出现狂风、暴雨、高潮“三碰头”的严峻局面，上海市普遍出现8～10级大风，普降暴雨59～87mm，局部地区高达152.1mm。长江口、黄浦江沿线潮位均超历史纪录，黄浦公园站潮位达5.72m，超警戒线1.17m，相当于500年一遇的水位。市区防汛墙决口3处，漫溢倒灌近20处，39处电线被刮断，电网发生故障952起，70条街路积水，倒塌房屋500余间，损坏2 000余间，郊区受灾农田近500km^2；导致135个飞机航班不能按时起降，22条轮渡线全部停驶，直接经济损失6.3亿元以上。1994年，9417号台风在浙江瑞安登陆，风、雨、潮“三碰头”，全省受灾农作物50万hm^2，死亡1 126人。1996年，9608号台风先后在台湾基隆和福建福清登陆，10多个省市受灾农作物360多万hm^2，死亡700多人。2001年广西连受“榴莲”、“尤特”两个台风袭击，出现大范围暴雨或大暴雨，全区48个县市区上千万人受灾，40多万人一度被洪水围困，如图3.3所示。

图3.3 台风

危害

台风的破坏力极大，是世界上最严重的自然灾害之一。台风挟带狂风、暴雨，引发沿海风暴潮，所经之处往往遍地狼藉，满目疮痍，导致大批房屋、建筑被毁，城镇、农田受淹，电力、交通、通信中断，并造成大量的人员伤亡和财产损失，如图 3.4 所示。

图 3.4 大树连根拔起

1. 破坏力强，危害性大

台风是一种灾害性的天气系统，一旦生成并登陆，常伴有狂风、暴雨、巨浪、狂潮，有时还有海啸，具有明显的灾害群发性特征。

一是台风中心气压很低，常在 970hPa 以下，有时可达 900hPa 以下，它和外围正常的气压场之间形成很大的气压梯度，因而形成非常强的狂风，摧毁大片房屋和设施，台风中心附近的风速可达 100m/s 以上；而且台风引起的大风对海上作业的船只有很大危害，常会引起船翻人亡的事故；在陆地上则会拔树倒屋，摧毁建筑物。

二是由于其中心气压很低，强风可使沿岸海水暴涨，形成台风风暴潮，潮位比正常潮位要高 1 ～ 5m。海水漫溢，堤防溃决，冲毁房屋和各类建筑设施，淹没城镇和农田。还会引起土地盐碱化、淡水资源污染、海岸侵蚀等次生灾害。如果恰好与天文大潮耦合，危害将非常严重，如图 3.5 所示。

三是由于中心气压低，因而中心附近会出现很强的暴雨，其降雨量经常可达 300 ～ 400mm，大者可达 2 000mm 以上。暴雨可引起洪水泛滥、堤坝溃决等。在山区和半山区易出现山洪暴发，引发山体滑坡、泥石流等地质灾害。

2. 波及面广，人员伤亡大

世界历史上由台风引发造成死亡人数超过 30 万的灾难就有 3 次之多。每年 7—9 月都有强台风登陆我国，几乎遍及我国沿海省市，而且大多数内陆省份也会受到直接或间接的影响，甚至酿成严重灾害，造成数十亿元的财产损失和数百人的伤亡。20 世纪以来，随着我国沿海经济建设的发展，因台风造成的经济损失有上升趋势。近年来，因其造成的损失年平均在百亿元人民币以上，像 2004 年在浙江登陆的“云娜”，一次造成的损失就超过百亿元人民币。2006 年 8 月 10 日 17 时 25 分台风桑美登陆浙江苍南马站镇，在我国共造成 400 余人死亡，近 10 万间房屋受损，直接经济损失 194.42 亿元人民币。2009 年台风“莫拉克”造成台湾、大陆 500 多人死亡、近 200 人失踪、46 人受伤。台湾南部雨量超 2 000mm，造成数百亿元新台币损失，大陆损失近百亿元人民币。

图 3.5 台风风暴潮

3. 次生灾害多，延续时间长

台风迅猛异常，但持续一定的时间就会过去，而由台风造成的次生灾害，如建筑倒塌、洪水泛滥、交通中断等所带来的严重后果，灾后救援工作会延续相当长的时间。

防御对策

1. 室内防御对策

（1）台风来临前应将阳台、窗外的花盆等物品移入室内，固定或收回屋外、阳台上的一切可移动物品，包括玩具、自行车、家具、植物等。

（2）切勿随意外出，家长照顾自己孩子，居民用户应把门窗捆紧拴牢，特别应对铝合金门窗采取防护，确保安全，如图 3.6 所示。

图 3.6 加固门窗

（3）检查门窗是否密封，如果风力过强，即便关了窗户雨水仍有可能进入屋内，因此需要准备毛巾和墩布，同时请远离窗户等可能碎裂的物品。

（4）如果无法撤离至安全场所，可就近选择在空间较小的室内（如壁橱、厕所等）躲避，或者躺在桌子等坚固物体下。

（5）在高层建筑的人员应撤至底层。

2. 室外防御对策

（1）尽量不要出门，并且保持镇静。

（2）市民出行时请注意远离迎风门窗，不要在大树下躲雨或停留，如图 3.7 所示。

图 3.7　不能停留的场所

（3）在航空、铁路、公路 3 种交通方式中，公路交通一般受台风影响最大。如果一定要出行，建议不要自己开车，可以选择坐火车。

（4）不要打赤脚，最好穿雨靴，既能防雨同时也起到绝缘作用，预防触电。走路时观察仔细再走，以免踩到电线。通过小巷时，也要留心，因为围墙、电线杆倒塌的事故很容易发生。

（5）尽可能远离建筑工地。经过建筑工地时最好稍微保持点距离，因为有的工地围墙经过雨水渗透，可能会松动；还有一些围栏，也可能倒塌；一些散落在高楼上没有及时收集的材料，譬如钢管、榔头等，说不定会被风吹下；在有塔吊的地方，更要注意安全，因为如果风大，塔吊臂有可能会折断；有些地方正在进行建筑立面整治，人们在经过脚手架时，最好绕行，不要在下面行走。

3. 海岸附近防御对策

（1）不要在河、湖、海堤或桥上行走。

（2）不要去海滩游泳，正在游泳的，应立即上岸，如图 3.8 所示。

图 3.8 海岸避险

（3）海上船舶必须与海岸电台取得联系，确定船只与台风中心的相对位置，立即开船远离台风。

（4）船上自测台风中心大致位置与距离：背风而立，台风中心位于船的左边；船上测得气压低于正常值 500Pa，则台风中心距船一般不超过 300km；若测得风力已达 8 级，则台风中心距船一般 150km 左右。

4. 不同等级预警防御对策

（1）蓝色预警防御对策。

①停止露天集体活动和高空等户外危险作业。

②相关水域水上作业和过往船舶采取积极的应对措施，如回港避风或者绕道航行等。

③加固门窗、围板、棚架、广告牌等易被风吹动的搭建物，切断危险的室外电源。

（2）黄色预警防御对策。

①停止室内外大型集会和高空等户外危险作业。

②相关水域水上作业和过往船舶采取积极的应对措施，加固港口设施，防止船舶走锚、搁浅和碰撞。

③加固或者拆除易被风吹动的搭建物，人员切勿随意外出，确保老人小孩留在家中最安全的地方，危房人员及时转移。

（3）橙色预警防御对策。

①停止室内外大型集会、停课、停业（除特殊行业外）。

②相关应急处置部门和抢险单位加强值班，密切监视灾情，落实应对措施。

③相关水域水上作业和过往船舶应当回港避风，加固港口设施，防止船舶走锚、搁浅和碰撞。

④加固或者拆除易被风吹动的搭建物，人员应当尽可能待在防风安全的地方。当台风中心经过时，风力会减小或者静止一段时间，切记强风将会突然吹袭，应当继续留在安全处避风，危房人员及时转移。

⑤相关地区应当注意防范强降水可能引发的山洪、地质灾害。

（4）红色预警防御对策。

①停止集会、停课、停业（除特殊行业外）。

②回港避风的船舶要视情况采取积极措施，妥善安排人员留守或者转移到安全地带。

③加固或者拆除易被风吹动的搭建物，人员应当待在防风安全的地方。当台风中心经过时，风力会减小或者静止一段时间，切记强风将会突然吹袭，应当继续留在安全处避风，危房人员及时转移。

④相关地区应当注意防范强降水可能引发的山洪、地质灾害。

⑤台风期间尽量不要外出。

温馨提示

（1）尽量不要出门，并且保持镇静。

（2）一定要出行建议乘坐火车。在航空、铁路、公路 3 种交通方式中，公路交通一般受台风影响最大。如果一定要出行，建议不要自己开车，可以选择坐火车。

（3）请尽可能远离建筑工地，高大建筑物下注意躲避高空坠物。

（4）保持消息畅通，注意广播或电视里的天气情况播报。准备一个可以用电池的收音机（还有备用电池）以防断电。

（5）准备蜡烛和手电筒；储备食物，饮用水，电池和急救用品。

（6）如果风力过强，请远离窗户等可能碎裂的物品。

（7）如遇洪水，关闭家中一切电源、水源、煤气。

（8）台风过去后，仍要注意破碎的玻璃、倾倒的树或断落的电线等可能造成危险的状况。

（9）未收到台风离开的报告前，即使出现短暂的平息仍须保持警惕。

（10）受伤后不要盲目自救，请拨打 120。台风中外伤、骨折、触电等急救事故最多，外伤主要是头部外伤，被刮倒的树木、电线杆或高空坠落物如花盆、瓦片等击伤。电击伤主要是被刮倒的电线击中，或踩到掩在树木下的电线。发生急救事故，先打 120，不要擅自搬动伤员或自己找车急救。搬动不当对骨折患者会造成神经损伤，严重时会发生瘫痪。

我国的重大台风灾害

2010 年第 11 号台风“凡亚比”9 月 19 日从花莲登陆，导致台湾南部豪雨成灾，造成人员伤亡和基础设施严重损毁及工农业损失。20 日早晨在福建二次登陆，狂风暴雨给福建和广东也造成严重的灾情。

2009 年台风“莫拉克”造成台湾、大陆 500 多人死亡、近 200 人失踪、46 人受伤。台湾南部雨量超 2 000mm，造成数百亿元新台币损失，大陆损失近百亿元人民币，如图 3.9 所示。

图 3.9　“莫拉克”台风

2008 年第 14 号强台风“黑格比”，造成菲律宾、我国华南、越南共 127 人死亡。

2008 年第 8 号强台风“凤凰”，造成台湾、安徽、江苏至少 13 人死亡，福建地区基础设施损坏严重，经济损失巨大。

2008 年第 6 号台风“风神”，造成广东、湖南、江西至少 30 人死亡，财产损失巨大，降水量破纪录。

2008 年第 1 号台风“浣熊”，是新中国成立以来第一个 4

月登陆我国的台风，造成华南至少 5 人死亡以及人员失踪，经济损失巨大，广东一水库由于蓄水过多而溃坝，基础设施破坏严重，造成华南历史上 4 月最为严重的洪涝灾害，降水破历史上 4 月的纪录。

2007 年第 9 号超强台风“圣帕”，造成东南沿海至少 39 人死亡，经济损失较大。

2006 年的 4 号强热带风暴“碧利斯”，在菲律宾、中国东南沿海以及台湾省总共造成 672 人死亡及 44 亿美元的损失。

2006 年的 8 号超强台风“桑美”，在马利安那群岛、菲律宾、中国东南沿海以及台湾省总共造成 458 人死亡及 25 亿美元的经济损失。

2005 年的 19 号超强台风“龙王”，给我国台湾、福建、广东、江西等地造成大风大雨，并造成一定人员伤亡。

2004 年的 14 号强台风“云娜”登陆我国东南沿海，造成 164 人死亡，24 人失踪，直接经济损失达 181.28 亿元。

2003 年的 13 号强台风“杜鹃”，先后 3 次登陆广东，给我国华南地区造成重大灾害和财产损失，造成 38 人死亡，损失达 20 亿元。

2001 年的 2 号台风“飞燕”，在台湾海峡北上突袭福建中北部，官方死亡数字为 122 人，实际死亡人数可能更多。

二、龙卷风

龙卷风是在极不稳定天气下由空气强烈对流运动而产生的一种伴随着高速旋转的漏斗状云柱的强风涡旋，其中心附近风速可达

100 ～ 200m/s，最大 300 m/s，比台风（产生于海上）的中心最大风速大好几倍。龙卷风的破坏性极强，其经过的地方常会发生拔起大树、掀翻车辆、摧毁建筑物等现象，甚至把人吸走。

形成原因

龙卷风外貌奇特，它上部是一块乌黑或浓灰的积雨云，下部是下垂着的形如大象鼻子的漏斗状云柱，风速一般每秒 50 ～ 100 m，有时可达每秒 300 m。由于龙卷风内部空气极为稀薄，导致温度急剧降低，促使水汽迅速凝结，这也是形成漏斗云柱的重要原因。

龙卷风是由雷暴云底伸展至地面的漏斗状云（龙卷）产生的强烈的旋风，其风力可达 12 级以上，最大风速可达 100 m/s 以上，一般伴有雷雨，有时也伴有冰雹。空气绕龙卷的轴快速旋转，受龙卷中心气压极度减小的吸引，近地面几十米厚的一薄层空气内，气流被从四面八方吸入旋涡的底部，并随即变为绕轴心向上的涡流。龙卷中的风总是气旋性的，其中心的气压可以比周围气压低 10%，一般可低至 40 kPa，最低可达 20 kPa。龙卷风具有很大的吸吮作用，可把海（湖）水吸离海（湖）面，形成水柱，然后同云相接，俗称“龙取水”，如图 3.10 所示。

图 3.10　龙取水

龙卷风这种自然现象是云层中雷暴的产物，具体地说，龙卷风就是雷暴巨大能量中的一小部分在很小的区域内集中释放的一种形式。龙卷风的形成可以分为四个阶段：

（1）大气的不稳定性产生强烈的上升气流，由于急流中的最大过境气流的影响，它被进一步加强。

（2）由于与在垂直方向上速度和方向均有切变的风相互作用，上升气流在对流层的中部开始旋转，形成中尺度气旋。

（3）随着中尺度气旋向地面发展和向上伸展，它本身变细并增强，形成龙卷核心。

（4）龙卷核心中的旋转与气旋中的不同，它的强度足以使龙卷一直伸展到地面。当发展的涡旋到达地面高度时，地面气压急剧下降，地面风速急剧上升，形成龙卷。

案例回放

2011 年 5 月初，美国南部地区遭遇龙卷风袭击，大量市镇被毁，数百人丧生。5 月 3 日，夏威夷州檀香山海港甚至出现“双龙吸水”的罕见景观。

美国是世界上遭受龙卷风侵袭次数最多的国家，平均每年遭受 10 万个雷暴、1 200 个龙卷风的袭击，有 50 人因此死亡。在美国中西部和南部的广阔区域又以“龙卷风道”最为著名，有记录以来美国最致命的龙卷风发生于 1925 年 3 月 18 日，龙卷风越过了密苏里州东南部、伊利诺伊州南部和印第安纳州北部，导致 695 人死亡。2012 年 3 月 2 日，美国南部阿拉巴马州与田纳西州遭遇龙卷风袭击，当天至少两个龙卷风袭击了该州东北部，这两个龙卷风在当地时间上午 9 时至 9 时 30 分左右分别袭击了亨茨维尔，间隔大约10分钟。在阿拉巴马州，龙卷风损坏了不少房屋，刮倒不少树木，造成至少4人受伤。在距离亨茨维尔大约16km处的卡普肖，阿拉巴马州立莱姆斯通监狱也在龙卷风袭击中受损。

2012年9月26日美国南部遭龙卷风袭击，除了阿拉巴马州，田纳西州查塔努加地区遭到龙卷风袭击，造成超过20人受伤。当地汉密尔顿县治安官办公室确认当地有多人因极端天气受伤，布拉德利县政府也确认当地有房屋受损。一个巨大的风暴系统肆虐了美国东西部与南部地区，这一风暴系统从2012年2月28日开始已在多个州造成龙卷风，并导致堪萨斯、密苏里、伊利诺伊和田纳西州等地13人死亡，如图3.11所示。

图3.11 龙卷风肆虐

危害

龙卷风是大气中最强烈的涡旋现象，影响范围虽小，但破坏力极大。常发生于夏季的雷雨天气时，尤以下午至傍晚最为多见。龙卷风的袭击范围小，直径一般在十几米到数百米之间，平均为250m左右，最大为1km左右。在空中直径可有几千米，最大有10km。极大风速每小时可达150～450km。龙卷风的生存时间一般只有几分钟，最长也不超过数小时，它往往使成片庄稼、成万株果木瞬间被毁，令交通中断，房屋倒塌，人畜生命遭受损失。龙卷风经过的地方常会发生拔起大树、掀翻车辆、摧毁建筑物等现象，有时把人吸走，危害十分严重。龙卷风每年能在经济上造成数百万美元的损失，并会导致失业和死伤，危害不容小觑。如 2012 年 4 月 29 日凌晨零时 30 分许，中国广东江门市新会区奇榜村凤山工业区突然出现龙卷风，造成 22 间总计超过 2.3 万 m^2 的厂房被夷为平地。2012 年 8 月 26 日 17 时 30 分，江苏洪泽湖出现巨大“龙吸水”壮观景观，如图 3.12 所示。

图 3.12　龙卷风

自救对策

1. 室内自救对策

（1）切断电源。

（2）远离门、窗和房屋的外围墙壁，躲到与龙卷风方向相反的墙壁或小房间内抱头蹲下，尽量避免使用电话。

（3）用床垫或毯子罩在身上以免被砸伤。

（4）最安全的地方是由混凝土建筑的地下室。龙卷风有跳跃性前行的特点，往往是一会儿着地又一会儿腾空。人们还发现，龙卷风过后会留下一条狭窄的破坏带，在破坏带旁边的物体即使近在咫尺也安然无恙，所以人们在遇到龙卷风时，要镇定自若，积极想办法躲避，切莫惊慌失措。要知道混凝土建筑的地下室才是最安全的地方。人们应尽量往低处走，尤其不能待在楼房上面。另外，相对来说小房屋和密室要比大房间安全，如图3.13所示。

图3.13 室内避险

2. 室外自救对策

（1）跑进靠近大树的房屋内躲避。人们只见到大树被龙卷风连根拔起或拦腰折断而未发现被“抛”到远处，这大概是树木有一定的挡风作用吧。如1985年6月27日，内蒙古农民丁凤霞家一棵直径1m多粗、高10m多的大树被龙卷风连根拔起，附近另外两棵大树也被折断，而距离大树3m远的房屋却秋毫无损，但距离她家30m远处的6间新盖砖瓦房因旁边未植树而遭毁。由此可见，房前屋后多植树可抵御龙卷风袭击。

（2）远离大树、电线杆或简易房屋等。

（3）寻找与龙卷风路径垂直方向的低洼区藏身。如果正巧乘汽车在野外遇到了龙卷风，那是非常危险的。因为龙卷风不仅可以将沿途的汽车和人吸起“吞食”，还能使汽车内外产生很大的气压差而引起爆炸，所以这时车上的人应火速弃车奔向附近的掩蔽处。倘若已经来不及逃远，也应当机立断，迅速找一个与龙卷风路径垂直方向的低洼区（如田沟）隐身。龙卷风总是“直来直去”，好像百米冲刺的运动员一样，它要急转弯是十分困难的，如图 3.14 所示。

远离大树、电杆，伏于低洼地面

立即离开汽车，到低洼地躲避

图 3.14 室外避险

（4）来不及逃离的，要迅速找到低洼地趴下，姿势：脸朝下，闭嘴、闭眼，用双手、双臂保护住头部。

温馨提示

（1）在家时，务必远离门、窗和房屋的外围墙壁，躲到与龙卷风方向相反的墙壁或小房间内抱头蹲下。

（2）躲避龙卷风最安全的地方是地下室或半地下室。

（3）在电杆倒、房屋塌的紧急情况下，应及时切断电源，以防止电击伤人或因此引起火灾。

（4）在野外遇龙卷风时，应就近寻找低洼地伏于地面，但要远离大树、电杆，以免被砸、被压和触电。

（5）汽车外出遇到龙卷风时，千万不要开车躲避，也不要在汽车中躲避，因为汽车对龙卷风几乎没有防御能力，应立即离开汽车，到低洼地躲避。

三、道路结冰

道路结冰是指降水，如雨、雪、冻雨，或雾滴，遇到温度低于0℃的地面而出现的积雪或结冰现象。通常包括冻结的残雪、凸凹的冰辙、雪融水或其他原因的道路积水在寒冷季节形成的坚硬冰层。道路结冰是交通事故的重要祸首。

形成原因

道路结冰分为两种情况，一种是降雪后立即冻结在路面上形成的道路结冰；另一种是在积雪融化后，由于气温降低而在路面形成结冰。道路结冰容易发生在11月到翌年4月（即冬季和早春）的一段时间内。我国北方地区，尤其是东北地区和内蒙古北部地区，常常出现道路结冰现象。而我国南方地区，降雪一般为“湿雪”，往往属于0～4℃的混合态水，落地便成冰水浆糊状，一到夜间气温下降，就会凝固成大片冰块，只要当地冬季最低温度低于0℃，就有可能出现道路结冰现象，只要温度不回升到足以使冰层解冻，就将一直坚如磐石。一般来说，寒冬腊月，当出现大范围强冷空气活动引起气温下降的天气（气象上称为寒潮）时，如果伴有雨雪，最容易发生道路结冰现象，如图3.15所示。

图3.15　道路结冰

分 类

道路结冰预警信号分三级，分别以黄色、橙色、红色表示。其中，黄色预警信号表示12小时内可能出现对交通有影响的道路结冰，橙色预警信号表示6小时内可能出现对交通有较大影响的道路结冰，红色预警信号表示2小时内可能出现或者已经出现对交通有很大影响的道路结冰，如图3.16所示。

图3.16 预警信号

案例回放

2008年1月24—26日，京珠高速公路穿越的广东省乳源县大桥镇路段，由于地处高寒山区，路面结冰，京珠高速公路封闭，车辆分流乳源坪乳公路，9 900多台车辆困在路上，滞留线路长达40 km。受此影响，26日经由京广线到达深圳站的6趟长途列车出现大面积晚点，并直接导致始发的京广线长途列车晚点。

图3.17 道路结冰

2008年1月26日江苏沿江、苏南地区遭受中等程度降雪，局部地区出现大雪，江苏境内部分高速公路封闭，南京周边高速公路全封闭。江苏省气象台26日上午连续发布道路结冰黄色预警和暴雪黄色预警。

2010年2月25日，辽宁大部分地区气温降至0℃以下，雨雪容易结冰且不容易融化，对交通影响较大，多条高速公路的部分路段都已封闭。部分旅客列车出现晚点，其中包括4趟动车组列车，如图3.17所示。

危害

从秋末到春初，如果地面温度低于0℃，道路上就会出现积雪或结冰现象。出现道路结冰时，由于车轮与路面摩擦作用大大减弱，容易打滑，刹不住车，造成交通事故，如图3.18所示。行人也容易滑倒，造成摔伤。2008年初，我国南方十几个省份持续出现雨雪、冰冻等天气，导致多条高速公路因道路积雪结冰先后封闭，民航机场因飞机跑道、停机坪大量积雪结冰而关闭，人员物资无法运送，对交通造成了严重影响。

图3.18　道路结冰导致车辆相撞

自救对策

1. 日常应对措施

（1）外出要采取保暖措施，耳朵、手脚等容易冻伤的部位，尽量不要裸露在外。

（2）行人出门要当心路滑跌倒，穿上防滑鞋。

（3）居民不要随意外出，特别是要少骑自行车。

（4）确保老、幼、病、弱人群留在家中。

（5）因道路结冰路滑跌倒，不慎发生骨折，应做包扎、固定等紧急处理。

2. 学生应对措施

（1）过马路要服从交通警察指挥疏导。

（2）建议少骑或者不骑自行车上学。

（3）教育学生不要在有结冰的操场或空地上玩耍。

（4）如果做溜冰运动，一定要做好防护措施。

3. 驾车应对措施

（1）降低车速。按照道路可变情报显示板上预告的车速行驶，防止车辆侧滑，缩短制动距离。

（2）加大行车间距。冰雪路面的行车间距应为干燥路面行车间距的 2 ～ 3 倍。

（3）沿着前车的车辙行驶，一般情况下不要超车、加速、急转弯或者紧急制动。需要停车时要提前采取措施，多用换挡，少用制动，防止各种原因造成的侧滑。

（4）在有冰雪的弯道或者坡道上行驶时，应提前减速。

（5）及时安装轮胎防滑链或换用雪地轮胎。

4. 意外摔伤应对措施

（1）由于道路结冰路滑跌倒，易导致扭伤或碰伤，这时应去医院治疗。

（2）如果有出血现象，应立即用比较清洁的布类包扎伤口止血。

（3）如果造成骨折，若无专业救护知识，不要随意移动伤者，立即与医院联系请求救护，同时注意伤者的保暖。

5. 相关部门应对措施

（1）交通、公安、公用事业等部门和单位，要密切关注当地气象预报预警信息，一旦发现路表温度接近 0℃，应及时将盐均匀地撒在路面上。

（2）路面积雪时，应组织人力及时清扫，或者喷洒融雪剂。

（3）若因道路积冰引起交通事故，应在事发现场设置明显的警示标志，以防事故再次发生；注意指挥和疏导行驶车辆，必要时关闭结冰道路。

（1）驾车出行，听从指挥。驾驶员驾车出行，应当采取必要的防滑措施，如装防滑链；听从指挥，注意路况，保持适当车距，慢速行驶；自行车、三轮车等非机动车辆上路前，给轮胎少量放气，增加轮胎与路面的摩擦力。

（2）行人出门，注意防滑。尽量不要外出，特别是尽量少骑自行车。行人上路时，应当选择防滑性能较好的鞋，不宜穿高跟鞋或硬塑料底鞋，要注意远离或避让机动车和非机动车辆。

（3）教育少年儿童不要在有结冰的操场或空地上玩耍。嘱咐老人不要在有结冰的地方散步或锻炼身体。

四、低温冷冻

低温冷冻灾害主要是冷空气及寒潮侵入造成的连续多日气温下降，致使农作物损伤及减产的农业气象灾害，如图 3.19 所示。严重冻害年如1968年、1975年、1982年，因冻害死苗毁种面积达20%以上。1977年10月25—29日强寒潮使内蒙古、新疆积雪深0.5m，草场被掩埋，牲畜大量死亡。

图3.19 寒潮

形成原因

寒潮是冬季的一种灾害性天气，群众习惯把寒潮称为寒流。所谓寒潮，就是北方的冷空气大规模地向南侵袭我国，造成大范围急剧降温和偏北大风的天气过程。寒潮一般多发生在秋末、冬季、初春时节。我国气象部门规定：冷空气侵入造成的降温，一天内达到10℃以上，而且最低气温在5℃以下，则称此冷空气暴发过程为一次寒潮过程。可见，并不是每次冷空气南下都称为寒潮。

在北极地区由于太阳光照弱，地面和大气获得热量少，常年冰天雪地。到了冬天，太阳光的直射位置越过赤道，到达南半球，北极地区的寒冷程度更加增强，范围扩大，气温一般都在−40～−50℃以下。范围很大的冷气团聚集到一定程度，在适宜的高空大气环流作用下，就会大规模向南入侵，形成寒潮天气。

我国位于欧亚大陆的东南部。从我国往北去，就是蒙古国和俄罗斯的西伯利亚。西伯利亚是气候很冷的地方，再往北去就到了地球最北的地区北极了。那里比西伯利亚地区更冷，寒冷期更长，影响我国的寒潮就是从那些地方形成的。

位于高纬度的北极地区和西伯利亚、蒙古高原一带地方，一年到头受太阳光的斜射，地面接受太阳光的热量很少。尤其是到了冬天，太阳光线南移，北半球太阳光照射的角度越来越小，因此，地面吸收的太阳光热量也越来越少，地表面的温度变得很低。在冬季北冰洋地区，气温经常在−20℃以下，最低时可到−60～−70℃，1月份的平均气温常在−40℃以下。

由于北极和西伯利亚一带的气温很低，大气的密度就要大大增加，空气不断收缩下沉，使气压增高，这样便形成一个势力强大、深厚宽广的冷高压气团。当这个冷高压气团增强到一定程度时，就会像决了堤的海潮一样，一泻千里，汹涌澎湃地向我国袭来，这就是寒潮。

每一次寒潮暴发后，西伯利亚的冷空气就要减少一部分，气压也随之降低。但经过一段时间后，冷空气又重新聚集堆积起来，孕育着一次新的寒潮的暴发。

入侵我国的寒潮主要有三条路径：

（1）西路：这是影响我国时间最早、次数最多的一条路线。强冷空气自北极出发，经西伯利亚西部南下，进入我国新疆，然后沿河西走廊，侵入华北、中原，直到华南甚至西南地区。

（2）中路：强冷空气从西伯利亚的贝加尔湖和蒙古国一带，经过我国的内蒙古自治区，进入华北直到东南沿海地区。

（3）东路：冷空气从西伯利亚东北部南下，有时经过我国东北，有时经过日本海、朝鲜半岛，侵入我国东部沿海一带。从这条路线南下的寒潮主力偏东，势力一般都不是很强，次数也不算多。

案例回放

2008年我国南方出现罕见雨雪冰冻灾害，3次暴风雪的连续袭击，造成高速铁路、公路、民航受阻，旅客大量滞留，生活和生产物资运输中断,公路险情不断。严重的受灾地区有湖南,贵州,湖北，江西，广西北部，广东北部，浙江西部，安徽南部，河南南部。截至2008年2月12日，低温雨雪冰冻灾害已造成21个省（区、市、兵团）不同程度受灾，因灾死亡107人，失踪8人，紧急转移安置151.2万人，累计救助铁路公路滞留人员192.7万人；农作物受灾面积11 180万 hm^2，绝收168.7 hm^2；森林受损面积近1 733万 hm^2；倒塌房屋35.4万间。造成1 111亿元人民币直接经济损失。

【铁路】

在湖南郴州南部古镇白石渡倒塌的电塔下方，是京广电气化铁路的输电接触网。10万V的高压线搭在2.5万V的铁路输电线上，运输供电瞬间中断。新中国成立以来从未有过的因灾害造成的铁路大拥堵由此开始，那一晚，仅京广线上就有136列客车晚点，约4万名旅客滞留在湖南境内。

广州，位于京广铁路的最南端，绝大多数等待上车的旅客还不知道回家的路上已经发生的一切。直到第二天，在越来越拥挤的人群中，等待回家的人们才意识到铁路中断了，但是依然有人不断涌入车站。1月26日，广州火车站滞留旅客超过10万，27日达到15万，有超过5万多名旅客办理退票。28日滞留旅客已经逼近60万，1月30日的统计，整个广州地区的滞留旅客已经接近80万。从广州火车站警岗俯瞰广场外围，一片黑压压的人流，看不到尽头。直至2月3日，广州火车站还有近100万旅客等待出发。

【公路】

2008年1月中旬开始，我国江南地区的降雪使得部分高速公路相继进入关闭状态，不少省市的高速公路全线封闭。冰天雪地的险恶气候环境让上千万私家车主和正准备驾车乘车返家的人们几近崩溃：高速车祸、堵车、车辆损坏……诸多难题在摧残着车主们脆弱的神经。

因冰雪灾害，京珠高速受阻车龙最长时达90km，滞留人员上万。京广线、京九线以及17个受灾省份的高速公路也不同程度地中断或关闭。

2008年1月13日开始，受冰雪影响，上万台车辆、四五万司乘人员滞留在京珠高速公路上。

【航空】

上海两大机场近千个航班延误，广州民航系统千余架次的航班被迫取消、数千架次的航班被迫延误，中南、西南、华东部分机场间歇性关闭。2月1日，受跑道积冰（雪）影响，贵阳、长沙、杭州、恩施、和田、迪庆、南昌、九江、怀化、昭通、永州、铜仁、黎平、荔波等机场不同时段关闭，同时受到冰雪影响的还有各地航空部门。

危害

寒潮和强冷空气通常带来的大风、降温天气，可吹翻船只，摧毁建筑物，破坏农场；寒潮带来的雨雪和冰冻天气影响交通运输；寒潮造成的大雪、冻雨，压断电线，折断电线杆，损坏电气通信设施。

（1）寒潮和强冷空气通常带来的大风、降温天气，是我国冬半年主要的灾害性天气。寒潮大风可吹翻船只，摧毁建筑物，破坏农场，对沿海地区威胁很大。如 1969 年 4 月 21—25 日的寒潮，强风袭击渤海、黄海以及河北、山东、河南等省，陆地风力 7 ～ 8 级，海上风力 8 ～ 10 级。此时正值天文大潮，寒潮暴发造成了渤海湾、莱州湾几十年来罕见的风暴潮。在山东北岸一带，海水上涨了 3m 以上，冲毁海堤 50 多 km，海水倒灌 30 ～ 40km。2011 年 1 月初，云南省东北部地区受寒流影响，出现持续低温雨雪天气，昭通市等地区出现大范围的凌冻现象，造成较大损失，截至 13 日，雪凌灾害已造成昭通市 43 万人受灾，约 10 万人饮水困难，23 间房屋倒塌，700 多间房屋损坏。

（2）寒潮带来的雨雪和冰冻天气对交通运输危害不小，低温的灾害实际上是一种冻害。每年黑龙江−40℃都不会发生低温冻害，因为那里空气比较干燥，没有严重的结冰现象。但是在南方不同，有大量的水汽遇到低温后结冰，使导线结冰、铁塔垮塌，道路结冰车子没法开。另外，低温造成温度太低结冰长时间不化，使灾害延续。部分高海拔地区交通中断，人员出行困难。如 1987 年 11 月下旬的一次寒潮过程，使哈尔滨、沈阳、北京、乌鲁木齐等铁路局所管辖的不少车站道岔冻结，铁轨被雪埋，通信信号失灵，列车运行受阻。雨雪过后，道路结冰打滑，交通事故明显上升。据交通运输部公路局消息，2011 年 1 月 20 日，南方雨雪天气造成贵州、重庆、四川、云南、湖南、湖北、安徽、江西、上海、广西 11 个省（区、市）共计 12 条高速、11 条国道、67 条省道局部路段通行受阻，如图 3.20 所示。

图 3.20　影响交通

（3）寒潮造成的大雪、冻雨，压断电线，折断电线杆，损坏电气通信设施。如 2011 年 1 月，云南昭通雪凌灾害已造成超过 10km 输电线路受损，48 座输电塔受损，近 118km 通信线路受损，200 多根通信线杆倒塌。

2008 年我国南方出现罕见雨雪冰冻灾害，由于持续低温雨雪天气，中国最新最先进的一条输电线路、三峡电力大动脉湖北宜昌至上海的 500kV 直流输电线路安徽霍山张冲段的 4 座线塔竟然被雨雪压垮了。

在贵州省，出现了自 1951 年有气象记录以来遭遇气温最低、持续时间最长、影响范围最广的一次凝冻灾害。2008 年 1 月 19 日，贵州电网被迫启动应急预案，全省进入大面积停电红色预警状态。1 月 23 日贵州电网停止对外售电。1 月 24 日 16 时，贵州电网因灾受损线路已达 2 134 条。大雪的第三次突袭给贵州电网带来致命打击，1 月 25 日，贵州东部电网全面崩溃。

1 月 21 日，地处黔东南深山腹地的贵州省雷山县数十处电力设备被大雪摧毁。眉山县成为 2008 年雨雪冰冻灾害中全国第一个大面积断电的地区。一夜之间，全县积压多年的蜡烛全部售罄。由于大部分输电线路都在山区丘陵地带，再加上地面结冰使维修设备和材料很难运到现场，电力何时恢复谁也不知道，而此时全县的粮食储备只够10天之需。因冰冻严重，贵州全省电线杆倒塌8万多根，有50个县陷入黑暗，7万余人奋战在抢修电网一线。

郴州，位于湖南省东南部，自古都是中原通往华南的必经之路。连接中国南北方的两条大动脉京广铁路和京珠高速都从此经过。2008年1月25日深夜，郴州南部古镇白石渡一座电塔的倒塌成为在以后数天内影响大半个中国波及千百万人命运的开始。断电断水，郴州的夜晚失去光亮，变成了漫漫的长夜，一直延续了10天。

据国家电力监督委员会主席史玉波介绍："按照我们南方输电线路设计标准，覆冰是10～15mm的设计标准，按照15～30年一遇设计。这次天气是50年一遇，覆冰达到30～60mm，远远超过设计标准。"如图3.21所示。

图3.21　输电线路覆冰

（4）寒潮引起的强烈降温，对农作物造成冻害，特别是秋季和春季危害最大。如2011年1月，云南昭通雪凌灾害造成438头牲畜死亡，农作物受灾面积约1.6万hm^2，林木受损严重。

2008 年我国南方出现的罕见雨雪冰冻灾害，还令我国南方各省的农业、林业等蒙受巨大损失。据农业部统计，江苏、浙江、安徽、江西、湖南、湖北、广东、广西、贵州等地农作物受灾面积 1 1180 万 hm^2，绝收 168.7 hm^2；森林受损面积近 1 733 万 hm^2；倒塌房屋 35.4 万间。由于冰层太厚，重量几十倍于树枝本身，树枝负重太大，森林成片地倒下。据广东韶关乳源县洛阳镇当地政府介绍，该镇 500 多 km^2 的辖区内森林占据了绝大部分，一场雪灾下来70%的森林都被毁坏，这让20年前开始的植树造林运动功亏一篑。

（5）寒潮袭来对人体健康危害很大。大风降温天气容易引发感冒、气管炎、冠心病、肺心病、中风、哮喘、心肌梗死、心绞痛、偏头痛等疾病，有时还会使患者的病情加重。

自救对策

1. 在室内

（1）注意收听天气预报及紧急状况警报。

（2）多穿几层轻、宽、舒适并暖和的衣服，尽量留在室内。

（3）注意饮食规律，多喝水，少喝含咖啡因或酒精的饮料。

（4）避免过度劳累。

（5）警惕冻伤信号：如出现手指、脚趾、耳垂及鼻头失去知觉或出现泛苍白色，或类似症状，立即采取急救措施或就医。

（6）可使用暖水袋或热宝取暖，但小心被灼伤。

（7）尽量不开车外出。

2. 驾车外出

（1）走干道。

（2）不夜间开车，不单独驾驶，不疲劳驾驶。

（3）起步要平稳。

（4）开雾灯、戴眼镜。

（5）慢速，少并线，少转大弯。

（6）上坡不换挡、下坡忌空挡。

（7）点刹雪天最有效，如图 3.22 所示。

图 3.22 安全行车

温馨提示

（1）当气温发生骤降时，要注意添衣保暖，特别是要注意手、脸的保暖。

（2）关好门窗，固紧室外搭建物。

（3）外出当心路滑跌倒。

（4）老弱病人，特别是心血管病人、哮喘病人等对气温变化敏感的人群尽量不要外出。

（5）注意休息，不要过度疲劳。

（6）提防煤气中毒，尤其是采用煤炉取暖的家庭更要小心。

（7）应加强天气预报，提前发布准确的寒潮消息或警报。

五、冰雪灾害

雪灾是指聚集在高纬度地区的强冷空气迅速入侵，造成长时间、大范围的剧烈降温、降雪，由暴风雪堆积所造成的大范围积雪危及生命和财产安全的灾害。雪灾能引发雪崩、冰湖溃决、冰川异常运动、凌汛、泥石流等次生灾害。

形成原因

冰雪灾害分由冰川引起的灾害和积雪、降雪引起的雪灾两种。冰雪灾害是一种常见的气象灾害，拉尼娜现象是造成低温冰雪灾害的主要原因。中国属季风大陆性气候，冬、春季时天气、气候诸要素变化大，导致各种冰雪灾害每年都有可能发生。在全球气候变化的影响下，冰雪灾害成灾因素复杂，致使对雨雪预测、预报难度不断增加。研究表明，中国冰雪灾害种类多、分布广，东起渤海，西至帕米尔高原，南自高黎贡山，北抵漠河，在纵横数千公里的国土上，每年都受到不同程度冰雪灾害的危害。历史上我国的冰雪灾害不胜枚举，1951—2000 年，我国范围大、持续时间长且灾情较重的雪灾，就达近 10 次。

人类对自然资源和环境的不合理开发和利用及全球气候系统的变化，也正在改变雪灾等气象灾害发生的地域分布、频率及强度。植被覆盖度的降低、裸地的增加，导致草地退化，为雪灾灾情的放大提供了潜在条件。

案例回放

1989 年末至 1990 年初，那曲地区形成大面积降雪，造成大量人畜伤亡，雪害造成的损失超过4亿元。1995年2月中旬，藏北高原出现大面积强降雪，气温骤降，大范围地区的积雪在200mm以上，个别地方厚1.3m。那曲地区60个乡、13万余人和287万头（只）牲畜受灾，其中有906人、14.3万头（只）牲畜被大雪围困，同时出现了冻伤人员、冻饿死牲畜等灾情。此外，在青藏、川藏和中尼公路上，每年也有大量由大雪堆积路面而造成的阻车断路现象，如图3.23所示。

图3.23 冰雪覆盖

冰雪灾害对工程设施、交通运输和人民生命财产造成直接破坏，是比较严重的自然灾害。其最大危害是对公路交通运输造成影响，由此造成一系列的间接损失。

（1）冰川积雪融化形成洪水。

每年春季气温升高，积雪面积缩小，冰川冰裸露，冰川开始融化，沟谷内的流量不断增加；夏季，冰雪消融量急剧增加，形成夏季洪峰；进入秋季，消融减弱，洪峰衰减；冬季天寒地冻，消融终止，沟谷断流。冰雪融水主要对公路造成灾害。在洪水期间冰雪融水携带大量泥沙，对沟口、桥梁等造成淤积，导致涵洞或桥下堵塞，形成洪水漫道，冲淤公路。

（2）冰川消融形成泥石流。

冰川消融使洪水挟带泥沙、碎石混合流体而形成泥石流。青藏高原上的山系，山高谷深，地形陡峻，又是新构造活动频繁的地区，断裂构造纵横交错，岩石破碎，加之寒冻风化和冰川侵蚀，在高山河谷中松散的泥沙、碎石、岩块十分丰富，为冰川泥石流的形成奠定了基础。在藏东南地区，冰川泥石流活动频繁，尤其在川藏公路沿线，危害极大。

（3）在风力作用下易形成风吹雪。

积雪在风力作用下，形成一股股携带着雪的气流，雪粒贴近地面随风飘逸，称为低吹雪；大风吹袭时，积雪在原野上飘舞而起，出现雪雾弥漫、吹雪遮天的景象，称为高吹雪；积雪伴随狂风起舞，急骤的风雪弥漫天空，使人难以辨清方向，甚至把人刮倒卷走，称为暴风雪。

由大雪和暴风雪造成的雪灾由于积雪深度大、影响面积广，危害更加严重。冰雪灾害危及工农业生产和人身安全，严重影响甚至破坏交通、通信、输电线路等生命线工程，对人民生产、生活影响巨大。2005 年 12 月山东威海、烟台遭遇 40 年来最大暴风雪，此次暴风雪造成直接经济损失达 3.714 亿元。

风吹雪对农区造成的灾害，主要是将农田和牧场大量积雪搬运他地，使大片需要积雪储存水分、保护农作物墒情的农田、牧场裸露，农作物及草地受到冻害；风吹雪在牧区造成的灾害主要是淹没草场、压塌房屋、袭击羊群、引起人畜伤亡。

自救对策

当遇到冰雪灾害发生时，至少应当做到如下几点：

（1）机动车驾驶员应给轮胎少量放气，增加轮胎与路面的摩擦力。

（2）冰雪天气行车应减速慢行，转弯时避免急转以防侧滑，踩刹车不要过急过死。

（3）在冰雪路面上行车，应安装防滑链，佩戴有色眼镜或变色眼镜。

（4）路过桥下、屋檐等处时，要迅速通过或绕道通过，以免上结冰凌因融化突然脱落伤人。

（5）在道路上撒融雪剂，以防路面结冰，及时组织扫雪。

（1）汽车减速慢行，路人当心滑倒，必要时封闭道路交通。

（2）老、幼、病、弱人群不要外出，注意防寒保暖。

（3）关好门窗，紧固室外搭建物。

（4）船舶进港避风。

（5）高空、水上等户外人员停止作业。

六、大雾

凡是大气中因悬浮的水汽凝结，能见度低于 1km 时，气象学称这种天气现象为雾。雾是对人类交通活动影响最大的天气之一。由于有雾时的能见度大大降低，很多交通工具都无法使用，如飞机等；或使用效率降低，如汽车、轮船等。

雾其实是空气中的小水珠附在空气中的灰尘形成的，所以雾一多就表示空气中灰尘变多（例如“雾都”伦敦），这样是危害人的健康的，如图 3.24 所示。

图 3.24 大雾笼罩下的城市

案例回放

2012 年 10 月 28 日，一场突如其来的大雾笼罩嘉兴，致使嘉兴辖区的高速公路封道 6 个小时以上，不少车辆因雾闯祸，发生追尾事故。上午 8 点 54 分，杭州往上海方向的沪杭高速公路上发生一起 7 车连环追尾事故，两位七旬老人被困。经过 40 多分钟的紧急救援，被困人员被成功救出。这个时间段，姚庄卡点附近，发生了 5 起追尾事故，共有 14 辆车受到不同程度的损伤。2010 年 10 月 8 日 6 时 30 分起，受大雾影响，芜湖至宣城高速清水河大桥路段 200m 范围内，相继发生 6 起车辆相撞追尾事故，共造成 7 人死亡，4 人受伤，如图 3.25 所示。

图 3.25 大雾引发交通事故

自救对策

大雾天会造成道路能见度低、行车视线模糊，影响行车安全，特别在高速公路上很容易发生连环撞车事故。所以提醒大家应掌握必要的驾驶技巧和注意事项应对大雾天气。

（1）出门前，应当将挡风玻璃、车头灯和尾灯擦拭干净，检查车辆灯光、制动等安全设施是否齐全有效。另外，在车内一定要携带三角警示牌或其他警示标志，遇到突发故障停车检修时，要在车前后 50m 处摆放警示牌，提醒其他车辆注意。

（2）雾中行车时，一定要严格遵守交通规则限速行驶，千万不可开快车。雾越大，可视距离越短，车速就必须越低。专家建议当能见度小于 200m 大于 100m 时，时速不得超过 60km；能见度小于 100m 大于 50m 时，时速不得超过 40km；能见度在 30m 以内时，时速应控制在 20km 以下，如图 3.26 所示。

（3）不要用远光灯。雾天行驶，一定要使用防雾灯，要遵守灯光使用规定：打开前后防雾灯、尾灯、示宽灯和近光灯，利用灯光来提高能见度，看清前方车辆及行人与路况，也让别人容易看到自己。需要特别注意的是，雾天行车不要使用远光灯，这是由于远光光轴偏上，射出的光线会被雾气反射，在车前形成白茫茫一片，开车的人反而什么都看不见了。

图 3.26　保持车速

（4）适时靠边停车。如果雾太大，可以将车靠边停放，同时打开近光灯和应急灯。停车后，从右侧下车，离公路尽量远一些，千万不要坐在车里，以免被过路车撞到。等雾散去或者视线稍好再上路。

（5）勤用喇叭。在雾天视线不好的情况下，勤按喇叭可以起到警告行人和其他车辆的作用，当听到其他车的喇叭声时，应当立刻鸣笛回应，提示自己的行车位置。两车交会时应按喇叭提醒对面车辆注意，同时关闭防雾灯，以免给对方造成眩目感。如果对方车速较快，应主动减速让行。

（6）保持车距。在雾中行车应该尽量低速行驶，尤其是要与前车保持足够的安全车距，不要跟得太紧。要尽量靠路中间行驶，不要沿着路边行驶，以防与路边临时停车等待雾散的人相撞，如图3.27所示。

图 3. 27　保持车距

（7）切忌盲目超车。如果发现前方车辆停靠在右边，不可盲目绕行，要考虑到此车是否在等让对面来车。超越路边停放的车辆时，要在确认其没有起步的意图而对面又无来车后，适时鸣喇叭，从左侧低速绕过。另外，也请注意小心盯住路中的分道线，不能轧线行驶，否则会有与对向的车相撞的危险。在弯道和坡路行驶时，应提前减速，要避免中途变速、停车或熄火。

（8）不要急刹车。在雾中行车时，一般不要猛踩或者快松油门，更不能紧急制动和急打方向盘。如果认为确需降低车速时，先缓缓放松油门，然后连续几次轻踩刹车，达到控制车速的目的，防止追尾事故的发生。

防御对策

（1）“对面不见人”勿开车出门。由于雾天使你的视线模糊不清，难以判断对面来车和路面上行人的状况。同理，你此刻的交通状态对方也难琢磨，所以严禁开冒险车、侥幸车。大家出车之前应清醒地估量自己的身体状况，准确地判断当日雾的能见度，做到心中有数。能见度越小，越是要提高警惕，若是能见度小于5m，即如俗话所说的“对面不见人”，属于特大雾，最好不要出车，可待雾消退或减轻后再出车。

（2）及时了解路况。驾车出行前，提前掌握路况信息很重要。如电视、广播不够及时，可以打电话向高速交警询问。特别是在起雾的季节，更应提前问路，掌握准确情况，避免上路后分流下路给自己增添不必要的麻烦。

（3）严格按车辆分道线行驶。当雾很大的时候，也可以利用有限的视距，借助路上的车辆分道线行驶，以保证行车路线不会偏离，千万不要跨在标志线上长距离行车。

如果你想暂时停车等雾散去再上路，应当开亮雾灯、示宽灯和双闪灯，紧靠路边停车。此时不要忘记要离公路尽量远一些，若条件允许也不要再坐在车上。如果是停在高速公路的紧急停车处，人最好能到路基外面等候。

（4）保持安全的跟车距离。雾越大，可视距离越短，你的车速就必须越低。为了安全起见，车与车之间应互相通个气，比如适时鸣笛，预先警告行人和车辆。当然，如果你听到别的车鸣笛时，你也应当鸣笛回应。这样大家做到心中有数。此外，你应主动与前车保持安全的跟车距离，万一前方出现问题，也可为自己留有足够的应急距离和反应时间。如果发现后车与你离得太近，你可以轻点几下刹车，但不能真的刹车，只是让刹车灯亮起，提醒后车应注意保持适当车距。

（5）勿疲劳驾驶。在雾天行车，由于长时间精力高度集中，驾姿固定，操作单调，非常容易造成心理和生理上的疲劳，容易发生交通事故。如果在雾天的高速路上行车，一般连续驾驶3个小时左右就应该休息，缓解疲劳，以保持良好的精神状态。

（1）注意收听天气预报，及时根据天气情况调整出行计划。

（2）尽量不要外出，必须外出时要戴口罩。

（3）年老体弱者、心血管及呼吸道疾病患者以及幼儿应减少外出，避免发生意外或病情加重。

（4）雾天能见度低，有时路面湿滑，应注意行路安全。

（5）骑自行车要减速慢行，听从交警指挥。

（6）乘车要保持秩序，不要拥挤或滞留在交通密集处。

（7）司机小心驾驶，须打开防雾灯，与前车保持足够的制动距离，并减速慢行；需停车时要注意先驶到外道再停车。

（8）不要在雾中进行体育锻炼，如跑步等，更不要在雾中做剧烈运动。

七、冰雹

冰雹是指在对流性天气控制下，积雨云中凝结生成的冰块从空中降落而造成的灾害。冰雹是一种固态降水物，是圆球形或圆锥形的冰块，由透明层和不透明层相间组成，直径一般为 5 ～ 50mm，大的有时可达 10cm 以上，又称雹或雹块，俗称雹子，有的地区叫“冷子”，夏季或春夏之交最为常见，它是一些小如绿豆、黄豆，大似栗子、鸡蛋的冰粒，特大的冰雹比柚子还大。冰雹常砸坏庄稼，威胁人畜安全，是一种严重的自然灾害，如图 3.28 所示。

图 3.28 冰雹

案例回放

我国冰雹灾害发生的地域很广，据统计，农业因冰雹受灾面积的重灾年达 660 多万 hm^2（1993 年），轻灾年也有 373 多万 hm^2（1994 年）。如 1986 年 5 月 20 日，重庆市遭受强风雹袭击，荣昌、大足等6个区县先后出现8级以上大风和冰雹，雹块大如鸡蛋，同时出现暴雨，历时5个半小时，死亡90人，倒塌房屋6万余间，成灾农田3.1万 hm^2，损失粮食310kg，倒折电杆1.5万根，直接经济损失约2亿元，其危害不亚于发生一场大地震。

冰雹常与雷暴大风结伴而行，因此，风、雹公害互为一体。冰雹常常砸毁大片农作物、果园，损坏建筑物，威胁人类安全，是一种严重的自然灾害，通常发生在夏、秋季节里。其主要特点有：

（1）突发性强。由于雷暴大风的移动速度快，往往云到风雹到，顷刻间狂风大作，冰雹倾砸，大雨滂沱，来势凶猛。

（2）危害时间短。一般持续时间仅几分钟，很少超过半小时。

（3）危害范围小。俗话说“雹打一条线”，其宽度一般只有1～2km。

（4）破坏性大。由于风强、雹砸，所经之处往往房倒屋损，树木、电杆倒折，农作物被毁，人畜被砸伤亡。

防御对策

我国是世界上人工防雹较早的国家之一，由于我国雹灾严重，所以防雹工作得到了政府的重视和支持。目前，已有许多省建立了长期试验点，并进行了严谨的试验，取得了不少有价值的科研成果。开展人工防雹，使其向人们期望的方向发展，达到减轻灾害的目的。目前常用的方法有：

（1）用火箭、高炮或飞机直接把碘化银、碘化铅、干冰等催化剂送到云里去。

（2）在地面上把碘化银、碘化铅、干冰等催化剂在积雨云形成以前送到自由大气里，让这些物质在雹云里起雹胚作用，使雹胚增多，冰雹变小。

（3）在地面上向雹云放火箭、打高炮，或在飞机上对雹云放火箭、投炸弹，以破坏对雹云的水分输送。

（4）用火箭、高炮向暖云部分撒凝结核，使云形成降水，以减少云中的水分；在冷云部分撒冰核，以抑制雹胚增长。

自救对策

（1）当冰雹来临时，如果你在户外的话，一定不能乱跑，因为冰雹很可能迎面砸过来。而且不要忘记衣服是一种十分重要的避险工具，在关键时刻，它能对你起到保护作用。头部是很重要的，应该以最快的速度将衣服脱下，顶在头上，保护好头部。但不能弓背弯腰地跑，因为冰雹很可能砸伤你的背、颈等，应该把衣服大致地叠一下，加高它的厚度，再注意保护好头部和颈部，然后再放在头上。

（2）如果所处的环境对自己不利的话，就一定得利用一切可以利用的东西，如干稻草、洗衣板、搅拌桶等，这些可以成为你的避险工具。当发生大风冰雹时，你正好在室内的话，那么家里的很多东西都可以成为你避险的工具，例如木桌、抽屉、椅子等，而椅子和抽屉则能更好地保护头部，但铁锅、铁锹等导电的物品和容易碎的物品，绝对不能拿来当避险工具。

（3）尽量不使用棉被，因为下冰雹时，通常都会伴随着雷雨，而棉被浸湿后，会变得很重，反而不利于逃生。而且没叠好的棉被，单层比较薄，也容易被大风掀开。如果在只能使用棉被的情况下，建议将它叠好再放在头上顶着。

（4）应及时将老人、小孩转移到水泥砖混结构的房子里。

（5）大风冰雹来临时，房屋很可能会坍塌，这时应该躲在房屋的支点边，但要避免靠窗的支点，以免窗户的玻璃砸下来受伤。

温馨提示

（1）关好门窗。

（2）妥善安置易受冰雹大风影响的室外物品。

（3）户外作业人员暂停作业，到安全地方暂避。

（4）暂停户外活动，勿随意出行。

八、雷电

每时每刻世界各地大约正有1 800个雷电产生，它们每秒钟约发出600次闪电，其中有100次袭击地球。雷电是伴有闪电和雷鸣的一种雄伟壮观而又有点令人生畏的放电现象，如图3.29所示。

图3.29 雷电交加

形成原因

雷电是大气中的放电现象，多形成在积雨云中，积雨云随着温度和气流的变化会不停地运动，运动中摩擦生电，就形成了带电荷的云层，某些云层带有正电荷，另一些云层带有负电荷。另外，由于静电感应常使云层下面的建筑物、树木等带有异性电荷。随着电荷的积累，雷云的电压逐渐升高，当带有不同电荷的雷云与大地凸出物相互接近到一定程度时，其间的电场超过 25 ～ 30kV/cm，将发生激烈的放电，同时出现强烈的闪光。由于放电时温度高达 2 000℃，空气受热急剧膨胀，随之发生爆炸的轰鸣声，这就是闪电与雷鸣。

案例回放

2007 年 5 月 23 日下午，一场大范围的雷暴天气袭击了重庆开县。16 时 30 分左右，开县义和镇兴业村小学突遭雷击，正在上课的两个班级的 51 名学生被雷电击中，其中 7 人当场身亡，44 人不同程度地受伤。兴业村小学是远离城镇的一个山区小学，校舍是由三座平房构成的“四合院”，房子属于砖瓦结构。雷击发生时，正在上课的很多师生看见了一个大火球闪进教室，瞬间很多学生就失去了知觉。

闪电的受害者有 2/3 以上是在户外受到袭击，他们每 3 个人中有两个幸存。在闪电击死的人中，85% 是女性，年龄大都为 10～35 岁，死者以在树下避雷雨的最多。雷电的危害一般分为两类：一是雷直接击在建筑物上发生热效应作用和电动力作用；二是雷电的二次作用，即雷电流产生的静电感应和电磁感应。雷电的具体危害表现在如下几个方面。

（1）雷电流高压效应会产生高达数万伏甚至数十万伏的冲击电压，如此巨大的电压瞬间冲击电气设备，足以击穿绝缘使设备发生短路，导致燃烧、爆炸等直接灾害。

（2）雷电流高热效应会放出几十安至上千安的强大电流，并产生大量热能，在雷击点的热量会很高，可导致金属熔化，引发火灾和爆炸。

（3）雷电流机械效应主要表现为被雷击物体发生爆炸、扭曲、崩溃、撕裂等现象，导致财产损失和人员伤亡。

（4）雷电流静电感应可使被击物导体感生出与雷电性质相反的大量电荷，当雷电消失来不及流散时，即会产生很高电压发生放电现象，从而导致火灾。

（5）雷电流电磁感应会在雷击点周围产生强大的交变电磁场，其感生出的电流可引起变电器局部过热而导致火灾。

（6）雷电波的侵入和防雷装置上的高电压对建筑物的反击作用也会引起配电装置或电气线路短路而燃烧导致火灾。

自救对策

1. 防止雷击措施

（1）建筑物上装设避雷装置，即利用避雷装置将雷电流引入大地而消失。

（2）在雷雨时，人不要靠近高压变电室、高压电线和孤立的高楼、烟囱、电杆、大树、旗杆等，更不要站在空旷的高地上或在大树下躲雨。

（3）在郊区或露天操作时，不要使用金属工具，如铁撬棒等。

（4）不要穿潮湿的衣服靠近或站在露天金属商品的货垛上。

（5）雷雨天气时，在高山顶上不要开手机，更不要打手机。

（6）雷雨天不要触摸和接近避雷装置的接地导线。

（7）雷雨天在户内应离开照明线、电话线、电视线等线路，以防雷电侵入被其伤害。

（8）在打雷下雨时，严禁在山顶或者高丘地带停留，更要切忌继续登往高处观赏雨景，不能在大树下、电线杆附近躲避，也不要行走或站立在空旷的田野里，应尽快躲在低洼处，或尽可能找房屋或干燥的洞穴躲避。

（9）雷雨天气时，不要用金属柄雨伞，摘下金属架眼镜、手表、裤带。若是骑车旅游，要尽快离开自行车，也应远离其他金属制物体，以免产生导电而被雷电击中。

（10）在雷雨天气，不要去江、河、湖边游泳、划船、垂钓等。

（11）在电闪雷鸣、风雨交加之时，应立即关掉室内的电视机、收录机、音响、空调机等电器，以避免产生导电。打雷时，在房间的正中央较为安全，切忌停留在电灯正下面，忌依靠在柱子、墙壁边、门窗边，以避免在打雷时产生感应电而致意外，如图3.30所示。

野外避雷方法

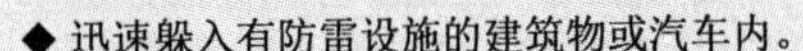

◆ 迅速躲入有防雷设施的建筑物或汽车内。
◆ 远离树木、电线杆、烟囱等尖耸、孤立的物体。
◆ 不要进入孤立的棚屋、岗亭等建筑物。
◆ 找地势低的地方蹲下，双脚并拢，手放在膝上，身向前屈。
◆ 打雷时不要开摩托车、骑自行车赶路。
◆ 不要将农具扛在肩上，不要打伞，不要使用手机。

室内避雷方法

◆ 关好门窗，尽量远离门窗、阳台和外墙壁。
◆ 不要靠近、触摸任何金属管线，包括水管、气管等。
◆ 不要使用家用电器盒通信设备，包括电话、电视机、电脑、收音机、电冰箱、洗衣机、微波炉等，拔掉所有的电源插头。
◆ 雷雨天气不要使用太阳能热水器。

图 3.30 避雷方法

2. 雷击救助措施

（1）当发生雷击时，应立即将病人送往医院。

（2）如果被击者当时呼吸、心跳已经停止，应立即就地做口对口人工呼吸和胸外心脏按压，积极进行现场抢救。千万不可因急着运送去医院而不作抢救，否则会贻误时机而致病、死亡。有时，还应在送往医院的途中继续进行人工呼吸和胸外心脏按压。

（3）要注意给被击者保暖。

（4）被击者若有狂躁不安、痉挛抽搐等症状时，还要为其做头部冷敷。

（5）对被击者被电灼伤的局部，在急救条件下，只需保持干燥或包扎即可。

温馨提示

（1）在路上避雨时不要靠近孤立的高楼、电杆、烟囱、房角房檐，更不能站在空旷的高地上或到大树下躲雨。

（2）远离开阔地带的金属物品（拖拉机、农具、摩托车、自行车、高尔夫球车及高尔夫球棒等）。

（3）不要去山顶、开阔地、海滩或船只上。

（4）不要待在开阔地单独的屋棚或其他小建筑内。

（5）有条件的家庭最好安装家用电器过电压保护器（又名避雷器）。

九、高温天气

中国气象学上，气温在35℃以上时可称为“高温天气”，如果连续几天最高气温都超过35℃时，即可称为“高温热浪天气”。

分　类

我国气象部门针对高温天气的防御，特别制定了高温预警信号。2010年中央气象台发布的《中央气象台气象灾害预警发布办法》，将高温预警分为蓝色、黄色、橙色三级。

蓝色预警：预计未来48小时4个及以上省（区、市）大部地区将持续出现最高气温为35℃及以上，且有成片达37℃及以上高温天气；或者已经出现并可能持续。

黄色预警：过去48小时2个及以上省（区、市）大部地区持续出现最高气温达37℃及以上，预计未来48小时上述地区仍将持续出现37℃及以上高温天气。

橙色预警：过去48小时2个及以上省（区、市）大部地区持续出现最高气温达37℃及以上，且有成片达40℃及以上高温天气，预计未来48小时上述地区仍将持续出现最高气温为37℃及以上，且有成片40℃及以上的高温天气。

案例回放

2007年8月，武汉市青少年宫水上世界游泳池里人潮涌动，武汉持续高温，最高气温达37℃，不少市民选择游泳消暑，如图3.31所示。

图3.31　消暑人群

2011 年 5 月 18 日，华北东部、黄淮一直到华南、西南大部地区气温出现明显攀升。其中，华北南部以南的大部地区气温普遍在 30℃以上，山西南部、河南中西部、湖北大部、重庆等地部分地区出现了 35℃以上的高温天气。郑州最高气温达 37℃。当日下午 15 时，湖北长阳、云南盐津甚至出现 40℃以上高温。

5 月 19 日，中国中东部地区气温持续攀升，多地已经进入炎炎夏日，并迎来当年的最高气温。湖南、湖北、云南等地局部地区最高气温达到 40℃。

危害 高温天气对人体健康的主要影响是产生中暑以及诱发心脑血管疾病，导致死亡。人体在高温作用下，体温调节机能暂时发生障碍，而发生体内热蓄积，导致中暑。中暑按发病症状与程度，可分为热虚脱、热辐射、日射病三种，热虚脱是中暑最轻度表现，也最常见；热辐射是长期在高温环境中工作，导致下肢血管扩张，血液淤积，而发生昏倒；日射病，是由于长时间暴晒，导致排汗功能障碍所致。对于患有高血压、心脑血管疾病者，在高温潮湿无风低气压的环境里，人体排汗受到抑制，体内蓄热量不断增加，心肌耗氧量增加，使心血管处于紧张状态，闷热还可导致人体血管扩张，血液黏稠度增加，易发生脑出血、脑梗死、心肌梗等症状，严重的可能导致死亡。

1．防暑对策

（1）尽量留在室内，并避免阳光直射；必须外出时要打遮阳伞、穿浅色衣服、戴宽沿帽。

（2）高温天气时，暂停户外或室内大型集会。

（3）室内空调温度不要过低。空调无法使用时，选择其他降温方法，比如向地面洒些水等。

（4）浑身大汗时不宜立即用冷水洗澡，应先擦干汗水，稍事休息再用温水洗澡。

（5）注意作息时间，保证睡眠，暂停大量消耗体力的工作。

（6）宜吃咸食，多饮凉白开水、冷盐水、白菊花水、绿豆汤等；不要过度饮用冷饮或含酒精饮料。

2. 中暑救助措施

高温中暑常发人群为：高温作业工人、夏天露天作业工人、夏季旅游者、家庭中的老年人、长期卧床不起的人、产妇和婴儿。若有人员中暑，救护方法为：

（1）立即将病人移到通风、阴凉、干燥的地方，如走廊、树荫下。

（2）让病人仰卧，解开衣扣，脱去或松开衣服。如衣服被汗水湿透，应更换干衣服，同时开电扇或空调，以尽快散热。

（3）尽快冷却体温，降至38℃以下。具体做法有用凉湿毛巾冷敷头部、腋下以及腹股沟等处；用温水或酒精擦拭全身；冷水浸浴15～30分钟。

（4）意识清醒的病人或经过降温清醒的病人可饮服绿豆汤、淡盐水等解暑。

（5）还可服用人丹和藿香正气水。另外，对于重症中暑病人，要立即拨打120电话，求助医务人员紧急救治。

（1）在户外工作时，采取有效防护措施，切忌在太阳下长时间裸晒皮肤，最好带冰凉的饮料。

（2）不要在阳光下疾走，也不要到人员聚集的地方。从外面回到室内后，切勿立即开空调。

（3）尽量避开在上午10时至下午4时这一时段出行，应在口渴之前就补充水分。

（4）注意高温天饮食卫生，防止胃肠感冒。

（5）注意保持充足睡眠，有规律地生活和工作，增强免疫力。

（6）注意对特殊人群的关照，特别是老人和小孩。高温天容易诱发老年人心脑血管疾病和小儿不良症状。

（7）注意预防日光照晒后日光性皮炎的发病。如果皮肤出现红肿等症状，应用凉水冲洗，严重者应到医院治疗。

（8）出现头晕、恶心、口干、迷糊、胸闷气短等症状，是中暑早期症状，应立即休息，喝一些凉水降温，病情严重应立即到医院治疗。

十、沙尘暴

沙尘暴是沙暴和尘暴两者兼有的总称，是指强风把地面大量沙尘物质吹起并卷入空中，使空气特别浑浊，水平能见度小于1 000m的严重风沙天气现象。其中沙暴是指大风把大量沙粒吹入近地层所形成的挟沙风暴；尘暴则是大风把大量尘埃及其他细粒物质卷入高空所形成的风暴，如图 3.32 所示。

图 3.32 沙尘暴

案例回放

1993 年 5 月 5 日发生在金昌市的强沙尘暴天气，共造成 85 人死亡，264 人受伤，31 人失踪。此外，死亡和丢失大牲畜 12 万头，农作物受灾 560 万亩，沙埋干旱地区的生命线水渠总长 2 000 多 km，兰新铁路停运 31 小时，总经济损失超过 5.4 亿元。甘肃省金昌市的室外空气的总悬浮微粒浓度达到 1 016mg/m^3，室内为 80 mg/m^3，超过国家标准的 40 倍，如图 3.33 所示。2000 年 3—4 月，北京地区受沙尘暴的影响，空气污染指数达到 4 级以上的有 10 天，同时影响到中国东部许多城市，3 月 24—30 日，包括南京、杭州在内的 18 个城市的日污染指数超过 4 级。

图 3.33 金昌沙尘暴

沙尘暴天气是中国西北地区和华北北部地区出现的强灾害性天气，可造成房屋倒塌、交通供电受阻或中断、火灾、人畜伤亡等，污染自然环境，破坏农作物生长，给国民经济建设和人民生命财产安全造成严重的损失和极大的危害。沙尘暴危害主要有以下几方面。

1. 生态环境恶化

出现沙尘暴天气时，狂风裹挟沙石、浮尘到处弥漫，凡是经过地区空气浑浊，呛鼻迷眼，呼吸道等疾病人数增加。

2. 生产生活受影响

沙尘暴天气携带的大量沙尘蔽日遮光，天气阴沉，造成太阳辐射减少，几小时到十几个小时恶劣的能见度，容易使人心情沉闷，工作学习效率降低。轻者可使大量牲畜患染呼吸道及肠胃疾病，严重时将导致大量牲畜死亡、刮走农田沃土、种子和幼苗。沙尘暴还会使地表层土壤风蚀、沙漠化加剧，覆盖在植物叶面上厚厚的沙尘，影响正常的光合作用，造成农作物减产。沙尘暴还使气温急剧下降，天空如同撑起了一把遮阳伞，地面处于阴影之下变得昏暗、阴冷。如 1993 年 5 月 5 日，发生在甘肃省金昌市、武威市、武威市民勤县、白银市等地市的强沙尘暴天气，受灾农田 16.9 万 hm^2，损失树木 4.28 万株，使西北地区 8.5 万株果木花蕊被打落，10.94 万株防护林和用材林折断或连根拔起，造成直接经济损失达 2.36 亿元。

3. 影响交通安全

沙尘暴天气经常影响交通安全，造成飞机不能正常起飞或降落，使汽车、火车车厢玻璃破损、停运或脱轨，引发飞机、火车、汽车等交通事故。如 2010 年 4 月 24 日，甘肃遭遇年内第三次区域性的沙尘暴天气过程。敦煌、酒泉、张掖、民勤等13个地区出现沙尘暴、强沙尘暴和特强沙尘暴，其中民勤县在当天傍晚时分的能见度接近0m。

4. 危害人体健康

当人暴露于沙尘天气中时，含有各种有毒化学物质、病菌等的尘土可透过层层防护进入到口、鼻、眼、耳中。这些含有大量有害物质的尘土若得不到及时清理，将对这些器官造成损害，或病菌以这些器官为侵入点，引发各种疾病。

自救对策

1. 生活避险

（1）沙尘暴即将或已经发生时，居民应尽量减少外出，未成年人不宜外出，如果因特殊情况需要外出的，应由成年人陪同。

（2）接到沙尘暴预警后，学校、幼儿院要推迟上学或者放学，直到沙尘暴结束。如果沙尘暴持续时间长，学生应由家长亲自接送或老师护送回家。

（3）发生沙尘暴时，不宜在室外进行体育运动和休闲活动，应立即停止一切露天集体活动，并将人员疏散到安全的地方躲避。

（4）沙尘天气发生时，行人骑车要谨慎，应减速慢行。若能见度差，视线不好，应靠路边推行。行人过马路要注意安全，不要贸然横穿马路。

（5）发生沙尘暴时，行人特别是小孩要远离水渠、水沟、水库等，避免落水发生溺水事故。

（6）沙尘暴如果伴有大风，行人要远离高层建筑、工地、广告牌、老树、枯树等，以免被高空坠落物砸伤。

（7）发生沙尘暴时，行人要在牢固、没有下落物的背风处躲避。行人在途中突然遭遇强沙尘暴，应寻找安全地点就地躲避，如图3.34所示。

（8）发生风沙天气时，不要将机动车辆停靠在高楼、大树下方，以免玻璃、树枝等坠落物损坏车辆，或防止车辆被倒伏的大树砸坏。

（9）风沙天气结束后，要及时清理机动车表面沉积的尘沙，保护好车体漆面。同时，注意清除发动机舱盖内沉积的细小颗粒，防止发动机零件损伤。

图3.34 沙尘暴避险

2. 安全生产

（1）沙尘暴频发地区，牧民一般要建有保温保暖封闭式牲畜圈舍。沙尘暴到来前，关好门窗，拉下圈棚，防止沙尘大量飘入。

（2）接到沙尘暴预警后，牧区牧民应及时将牛、羊等牲畜赶回圈舍，以免走失。沙尘暴发生时，若牲畜远离居民点，牧民应尽快将牲畜赶到就近背风处躲避。

（3）接到大风沙尘天气警报后，农民应采取适当措施加固温室大棚、地膜等基础设施，避免破坏和损失。

（4）发生沙尘暴时，野外工作人员或正在田间劳动的农民，应立即回家或寻找安全的地方躲避。如果沙尘天气持续时间较长，应设法与救援人员取得联系，不要盲目行动。

（5）沙尘暴天气空气干燥，易引发火灾，应注意草原、森林和人口密集区等发生重大火灾事故。

（6）接到沙尘天气预警后，医院、食品加工厂、精密仪器生产或使用单位要加强防尘措施，食品、药品和重要精密仪器要做好密封。

（7）接到沙尘暴预警信息后，有关单位要妥善放置易受大风影响的物资，加固围板、棚架、广告牌等易被风吹动的搭建物。建筑工地要覆盖好裸露沙土和废弃物，以免尘土飞扬。

（8）强沙尘暴发生时，应停止一切露天生产活动和高空、水上等户外危险作业，工人应暂时集中在室内躲避。

（9）接到沙尘暴预警信息后，各级政府及相关部门要制定应对措施，防止风沙对农业、林业、水利、牧业以及交通、电力、通信等基础设施的影响和危害。

3. 交通避险

（1）接到沙尘天气预警信息或已经出现沙尘暴天气时，机场、高速公路、铁路等部门要做好交通安全防护措施，科学调度，确保交通安全。

（2）在公路上驾驶机动车遭遇沙尘暴，应低速慢行。能见度太差时，要及时开启大灯、雾灯，必要时驶入紧急停车带或在安全的地方停靠，乘客要视情况选择安全的地方躲避。

（3）轻型机动车在公路上高速行驶时可能会被大风掀翻，所以要在轻型车上放一些重物，但必须固定，或者慢速行驶。

（4）发生沙尘暴时，如果风力过大或能见度低于规定标准，高速公路管理部门应暂时封闭高速公路，避免发生交通事故。

（5）火车行驶途中如果遇到沙尘暴，应减速慢行。当风力较大或能见度很低不宜继续行驶时，火车应进站停靠避风，等沙尘暴过后再继续行驶。

（6）沙尘天气条件下，空中交通管制部门应根据机场天气状况合理控制飞行流量，保证进出机场航班的安全起降。

（7）飞机起飞后，如果目的地机场受沙尘天气影响，能见度低，不具备降落条件，飞机应及时调整航线，或就近备降其他机场。

（8）发生特强沙尘暴时，如果天气条件特别恶劣，飞机、火车、长途客车等应暂时停飞、停运。

（1）发生强沙尘暴天气时不宜出门，尤其是老人、儿童及患有呼吸道过敏性疾病的人。

（2）及时关闭门窗，必要时可用胶条对门窗进行密封。

（3）外出时要戴口罩，用纱巾蒙住头，以免沙尘侵害眼睛和呼吸道而造成损伤。应特别注意交通安全。

（4）机动车和非机动车应减速慢行，密切注意路况，谨慎驾驶。

（5）妥善安置易受沙尘暴损坏的室外物品。

十一、灰霾天气

灰霾又称大气棕色云，在我国气象局的《地面气象观测规范》中定义为：霾是大量极细微的干尘粒等均匀地浮游在空中，使水平能见度小于 10km 的空气普遍浑浊现象。霾使远处光亮物微带黄、红色，而使黑暗物微带蓝色。

案例回放

2008年12月25—27日，北京连续出现灰霾天，24日开始缠绕北京的雾气在25日下午演变成了“霾”，空气质量随之严重下滑，如图3.35所示。

图3.35 灰霾笼罩北京

目前，在我国的部分区域存在着4个灰霾严重地区：黄淮海地区、长江河谷、四川盆地和珠江三角洲。一般来说，当相对湿度大于70%时出现的是“雾”，相对湿度小于70%时出现的是“霾”。而出现“霾”时，能见度少于10km的就属于灰霾现象，5～8km属于中度灰霾现象，少于3～5km属于重度灰霾现象，少于3km则是严重的灰霾现象，如图3.36所示。

图3.36 严重灰霾

危害

1. 影响身体健康

灰霾的组成成分非常复杂，包括数百种大气颗粒物，其中有害人类健康的主要是直径小于10μm的气溶胶粒子，如矿物颗粒物、海盐、硫酸盐、硝酸盐、有机气溶胶粒子等，它能直接进入并黏附在人体上下呼吸道和肺叶中。由于灰霾中的大气气溶胶大部分均可被人体呼吸道吸入，尤其是亚微米粒子会分别沉积于上、下呼吸道和肺泡中，引起鼻炎、支气管炎等病症，长期处于这种环境还会诱发肺癌。此外，由于太阳中的紫外线是人体合成维生素D的唯一途径，紫外线辐射的减弱直接导致小儿佝偻病高发。另外，紫外线是自然界杀灭大气微生物如细菌、病毒等的主要武器，灰霾天气导致近地层紫外线的减弱，易使空气中的传染性病菌的活性增强，传染病增多。

2. 影响心理健康

灰霾天气容易让人产生悲观情绪，如不及时调节，很容易失控。

3. 影响交通安全

出现灰霾天气时，室外能见度低，污染持续，交通阻塞，事故频发。

4. 影响区域气候

使区域极端气候事件频繁，气象灾害连连。更令人担忧的是，灰霾还加快了城市遭受光化学烟雾污染的提前到来。光化学烟雾是一种淡蓝色的烟雾，它的主要成分是一系列氧化剂，如臭氧、醛类、酮等，毒性很大，对人体有强烈的刺激作用，严重时会使人出现呼吸困难、视力衰退、手足抽搐等现象。

自救对策

（1）要注意天气的变化，一旦出现灰霾天气，应尽量减少外出，更不要在这种天气下做锻炼。

（2）要多喝水，并适当在水泥地面洒一些水，压灰尘。

（3）心脏病和呼吸道疾病患者应减少体力消耗，少做户外活动。

（4）注意情绪调节，光线太暗时，尽量打开电灯，听听音乐，尽可能地控制忧郁烦闷情绪，防止疾病的发生。

（5）在外出时最好戴上口罩，可以进行比较有效的防护。

（6）在早晨、晚上空气质量较差时要减少户外运动，如果必须出行最好选择在中午前后空气质量较好的时间段。

温馨提示

（1）多喝水，停晨练。灰霾天气会影响身体健康，应多饮汤水，有晨练习惯的市民最好暂停晨练，或选择在下午和黄昏时分做户外锻炼。

（2）在下班后或在节假日，可多抽时间到空气较为清新的户外去散步和锻炼。

（3）多喝水，保持呼吸道有一定的湿润度。此外，干燥天气使病菌容易聚集，因此还要保持房间通风。

（4）出去时尽量戴上口罩。

第四章　水旱灾害

因暴雨、山洪、融雪洪水、冰凌洪水、溃坝洪水等引起的灾害统称为水灾；因气候严酷或不正常的干旱而形成的气象灾害称为旱灾。水旱灾害是水灾和旱灾的统称。水旱灾害威胁人民生命安全，造成巨大财产损失，并对社会经济发展产生深远的不良影响。防治水旱灾害虽已成为世界各国社会安定和经济发展的重要公共安全保障事业，但根除是困难的。水旱灾害至今仍是世界上一种影响较大的自然灾害。

一、暴雨灾害

暴雨一般指每小时降雨量16mm以上，或连续12小时降雨量30mm以上，或连续24小时降雨量50mm以上的降水。我国气象学上规定，24小时降水量为50mm或以上的强降雨称为暴雨。按其降水强度大小又分为三个等级，即24小时降水量为50～99.9mm称“暴雨”；100～250mm为“大暴雨”；250mm以上称“特大暴雨”。如图4.1所示。由于各地降水和地形特点不同，所以各地暴雨洪涝的标准也有所不同。特大暴雨是一种灾害性天气，往往造成洪涝灾害和严重的水土流失，导致工程失事、堤防溃决和农作物被淹等重大经济损失。特别是对于一些地势低洼、地形闭塞的地区，雨水不能迅速排泄造成农田积水和土壤水分过度饱和，会造成更多的地质灾害。

图 4.1 暴雨灾害

形成原因

暴雨形成的过程是相当复杂的，从宏观物理条件来说，产生暴雨的主要条件是充足的源源不断的水汽、强盛而持久的气流上升运动和大气层结构的不稳定。大气中充足的水汽在强烈的上升运动过程中，被迅速向上输送，云内的水滴受上升运动的影响不断增大，直到上升气流托不住时，就急剧地降落到地面，从而形成暴雨。大、中、小各种尺度的天气系统和下垫面特别是地形的有利组合可产生较大的暴雨。

大气的运动和流水一样，常产生波动或涡旋。当两股来自不同方向或不同温度、湿度的气流相遇时，就会产生波动或涡旋。其大的达几千千米，小的只有几千米。在这些有波动的地区，常伴随气流运行出现上升运动，并产生水平方向的水汽迅速向同一地区集中的现象，形成暴雨中心。在我国，暴雨的水汽一是来自偏南方向的南海或孟加拉湾；二是来自偏东方向的东海或黄海。有时在一次暴雨天气过程中，水汽同时来自东、南两个方向，或者前期以偏南为主，后期又以偏东为主。我国中原地区流传的“东南风，雨祖宗”，正是降水规律的客观反映。

另外，地形对暴雨形成和雨量大小也有影响。例如，由于山脉的存在，在迎风坡迫使气流上升，从而垂直运动加大，暴雨增大；而在山脉背风坡，气流下沉，雨量大大减小，有的背风坡的雨量仅是迎风坡的 1/10。1963 年 8 月上旬，从南海有一股湿空气输送到华北，这股气流恰与太行山相交，受山脉抬升作用的影响，导致沿太行山东侧出现历史上罕见的特大暴雨。山谷的狭管作用也能使暴雨加强。如 1975 年 8 月 4 日，河南的一次特大暴雨，其中心林庄，正处在南、北、西三面环山，而向东逐渐形成喇叭口的地形之中，气流上升速度增大，雨量骤增，8 月 5—7 日降水量达 1 600 多 mm，而距林庄东南不到 40km 地处平原区的驻马店，在同期内的降雨量只有 400 多 mm。

分 类

我国建立有洪涝灾害预防和预警机制，根据防汛特征水位，将暴雨对应划分预警级别，通常由重到轻分为一、二、三、四共 4 个等级，分别用红、橙、黄、蓝色表示，如图 4.2 所示。

图 4.2 暴雨预警级别

蓝色预警：12 小时内降雨量将达 50mm 以上，或者已达 50mm 以上且降雨可能持续。

黄色预警：6 小时内降雨量将达 50mm 以上，或者已达 50mm 以上且降雨可能持续。

橙色预警：3 小时内降雨量将达 50mm 以上，或者已达 50mm 以上且降雨可能持续。

红色预警：3 小时内降雨量将达 100mm 以上，或者已达 100mm 以上且降雨可能持续。

案例回放

1958 年 7—8 月，河南、河北、山东、山西、陕西、甘肃及北京等省（市）的部分地区先后降暴雨，局部地区降特大暴雨，降水量一般有 200 ～ 400mm，部分地区超过 500mm。由于降雨较频繁，部分地区降雨强度大，导致江河水位上涨。特别是 7 月中旬豫晋陕之间地区的强降雨，使黄河及其支流涧河、沁河、涑水河、伊河、洛河等发生大洪水。据河南、河北、山西及北京等省（市）的不完全统计，受灾农作物近百万公顷，死亡 1 240 人，倒塌房屋近 40 多万间。

1998 年汛期，长江流域降水明显偏多，6—8 月降水量一般有 500 ～ 800mm，部分地区超过 1 000mm。长江流域先后出现 8 次影响严重的洪峰，长江干堤 3 600km 和洞庭湖、鄱阳湖重点坝堤超警戒水位天数超过 60 天。持续的暴雨或大暴雨，造成山洪暴发，江河洪水泛滥，堤防、围坝漫溃，外洪内涝及局部地区山体滑坡、泥石流，给上述地区造成了严重的损失。据湖北、江西、湖南、安徽、浙江、福建、江苏、河南、广西、广东、四川、云南等省（区）的不完全统计，受灾人口超过1亿人，受灾农作物1.5亿亩，死亡1 800多人，伤（病）100多万人，倒塌房屋430多万间，损坏房屋800多万间，经济损失1 500多亿元。

2012年7月21日，北京遭遇特大暴雨。一天内，市气象台连续发布5个暴雨预警，暴雨级别最高上升到橙色。全市平均降雨量164mm，为61年以来最大。最大降雨点房山区河北镇达460mm。由于降雨频繁、雨势较大，北京大部分山区土壤含水量接近饱和，局地暴发山洪泥石流灾害的可能性增大。24日晚6时起，位于城市北部和东部的多个地区和首都机场等，汛情预警均由蓝色升级为黄色。暴雨造成多条地铁停运，数百位乘客被困高架桥上，交通堵塞，首都机场航班208个架次延误或取消，受灾面积达1.6万km^2，受灾人口190万人。截至8月7日，暴雨造成77人遇难，损失超过百亿元。如图4.3所示。

图4.3　北京“7·21”暴雨

危害

暴雨通常来得快，雨势猛，尤其是大范围持续性暴雨和集中的特大暴雨，它不仅影响工农业生产，而且可能危害人民的生命，造成严重的经济损失。暴雨的危害主要有以下两种。

1. 渍涝危害

由于暴雨，容易使很多城市发生严重内涝，道路积水，影响交通，如2011年6月23日下午，一场罕见的暴雨造成北京多条环路及主干道积水拥堵，部分环路断路，多条公交运营线路无法正常行驶，地铁1号线、4号线等线路部分区段停运，首都机场也有百余架航班受影响，如图4.4所示。

图4.4 北京内涝

由于暴雨急而大，排水不畅易引起积水成涝，土壤孔隙被水充满，造成陆生植物根系缺氧，根系生理活动受到抑制，使作物受害而减产。

2. 洪涝灾害

由暴雨引起的洪涝淹没作物，使作物新陈代谢难以正常进行而发生各种伤害，淹水越深，淹没时间越长，危害越严重。特大暴雨引起的山洪暴发、江河泛滥，不仅危害农作物、果树、林业和渔业，而且还冲毁农舍和工农业设施，甚至造成人畜伤亡，经济损失严重。

我国历史上的洪涝灾害，几乎都是由暴雨引起的，像1954年7月长江流域大洪涝，1963年8月河北的洪水，1975年9月河南大涝灾，1998年中国全流域特大洪涝灾害等都是由暴雨引起的。

1. 暴雨自救

（1）暴雨若持续不停，就该提前做好防洪准备。地势低洼的住宅区、商业区可采取围堵的措施，如用沙袋、草包、挡板等堵在门口等进水处，可有效地防止雨水进入建筑内。

（2）危旧房屋或在低洼地势住宅的人员应及时转移到安全的地方。

（3）不要在街上停留，立即到安全的室内避雨。

（4）不要在高楼及大型广告牌下躲雨或者停留，小心坠物。远离围墙及年久失修的危险建筑物。

（5）远离路灯、高压线，避免触电。室外积水漫入室内时，应立即切断电源，防止积水带电伤人。

（6）立即停止田间农事活动和户外活动。

（7）暂停室外活动，学校可以暂时停课。立即停止田间农事活动和户外活动。

2. 行车自救

（1）暴雨期间尽量不要外出，如必须外出，应绕开积水严重的地方。最好走路中央，因为窨井等一般都设在路边。

（2）不要在下大雨时骑自行车，尽可能绕过积水严重地段，在积水中行走要注意观察，防止跌入窨井、坑或者洞中。

（3）行车时开启小灯，低速行驶。遇到路面或立交桥下积水过深时，应尽量绕行，避免强行通过。

（4）汽车在低洼处熄火，千万不要在车上等候，下车到高处等待救援。

（5）如被困车内，您只需把座位头枕拔下来，用那两个尖锐的插头敲打侧面玻璃，然后逃生，这也是汽车最初设计就考虑到的。

（1）检查电路、炉火等设施是否安全，关闭电源总开关。

（2）提前收盖露天晾晒物品，收拾家中贵重物品置于高处。

（3）关闭煤气阀和电源总开关。

（4）下水道是城市中重要的排水通道，不要将垃圾、杂物丢入下水道，以防堵塞，积水成灾。

（5）家住平房的居民应在雨季来临之前检查房屋，维修房顶。

（6）上游来水突然浑浊、水位上涨较快时，须特别注意。

二、山洪灾害

山洪是指山区溪沟中发生的暴涨洪水。山洪具有突发性强、水量集中流速大、冲刷破坏力强的特点，水流中挟带泥沙甚至石块等，常造成局部性洪灾。如图 4.5 所示。

图 4.5　山洪暴发

形成原因

我国降水的年际变化和季节变化大，一般年份雨季集中在7、8两个月，是世界上多暴雨的国家之一，这是产生洪涝灾害的主要原因。洪水是形成洪涝灾害的直接原因，只有当洪水自然变异强度达到一定标准，才可能出现灾害。主要影响因素有地形条件、森林覆盖条件和水源条件。

1. 地形条件

山洪灾害的发生有其内在因素，但外界条件的变化往往使灾害进一步加剧。近年来由于全球气候变暖，极端天气变化，我国强降雨、台风、冰冻事件明显增多，加之地震明显，滑坡、泥石流不断地增加，山洪暴发的频率也在不断增加。一般形成山洪的地形特征是中高山区，相对高差大，河谷坡度陡峻。暖湿气流遇山体阻挡，产生暖湿气流上升运动，在山顶和迎风坡形成冷暖锋面产生雷暴雨。

2. 森林覆盖条件

大范围树林、毛竹覆盖，当暖湿空气携带大量水汽，达到林区上空，与林区温度偏低、相对湿度偏大的冷空气交锋，易造成大的局部降水形成山洪。

3. 水源条件

降雨激发山洪的现象，一是前期降雨和一次连续降雨共同作用，二是前期降雨和最大一小时降雨量起主导激发作用。山顶土体含水量饱和，土体下面的岩层裂隙中的水体压力剧增。当遇暴雨，能量迅速累积，致使原有土体平衡破坏，土体和岩层裂隙中的压力水体冲破表面覆盖层，瞬间从山体中上部倾泻而下，造成山洪和泥石流。

案例回放

长江流域是暴雨、洪涝灾害的多发地区，其中两湖盆地和长江三角洲地区受灾尤为频繁。1983 年、1988 年、1991 年、1998 年和 1999 年等都发生过严重的暴雨洪涝灾害。1991 年，我国淮河、太湖、松花江等部分江河发生了较大的洪水，尽管在党中央和国务院的领导下，各族人民进行了卓有成效的抗洪斗争，尽可能地减轻了灾害损失，全国洪涝受灾面积仍达 2 453 万 hm^2，直接经济损失高达 779 亿元。其中安徽省的直接经济损失达 249 亿元，约占全年工农业总产值的 23%，受灾人口 4 400 万，占全省总人口的 76%。

1998 年 6 月中旬至 9 月上旬，我国南方特别是长江流域及北方的嫩江、松花江流域出现历史上罕见的特大洪灾，洪水大、影响范围广、持续时间长，洪涝灾害严重，全国共有 29 个省（自治区、直辖市）遭受了不同程度的洪涝灾害。据各省统计，农田受灾面积 2 229 万 hm^2，成灾面积 1 378 万 hm^2，死亡 4 150 人，倒塌房屋 685 万间，直接经济损失 2 551 亿元。江西、湖南、湖北、黑龙江、内蒙古、吉林等省（区）受灾最重。

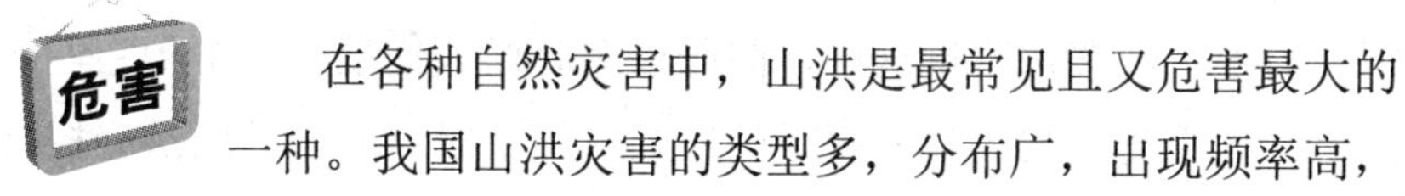

在各种自然灾害中，山洪是最常见且又危害最大的一种。我国山洪灾害的类型多，分布广，出现频率高，波及范围广。山洪水量大，流速快，常裹带大量石块和泥沙，经常冲垮公路桥梁、毁坏村庄建筑，来势凶猛，破坏性极大。洪水不但淹没房屋和人口，造成大量人员伤亡，而且还卷走人类居留地的一切物品，包括粮食，并淹没农田，毁坏作物，导致粮食大幅度减产，从而造成饥荒。洪水还会破坏工厂厂房、通信与交通设施，从而造成对国民经济的破坏，如图 4.6 所示。如 1931 年江淮大水，洪灾就涉及河南、山东、江苏、湖北、湖南、江西、安徽、浙江 8 省，淹没农田 973 万 hm^2，受灾人口达 5 127 万人，占当时 8 省总人口的 25%，死亡 40 万人。

图 4.6 山洪的危害

1. 造成人员伤亡

洪水造成的最严重的破坏莫过于家破人亡、流离失所，而这些主要是由纯粹的流水力量导致的。在洪水中，15cm 高的水流就可以将人冲倒，60cm 多高的水流所产生的力量则足以冲走汽车。

最危险的洪水是山洪暴发，它们是由突然、急剧汇集的水量导致的。山洪暴发可以在水量开始汇集（无论是过多降雨还是其他原因）后不久就袭击附近地区，因此很多时候人们根本看不到它们的到来。当大暴雨将大量雨水瞬间倾泻在山上时，暴发的山洪会极具破坏性。1976 年美国科罗拉多州大汤姆逊峡谷的山洪在不到 5 个小时的时间内，造成 139 人丧生，数百人受伤。

洪涝灾害往往造成江、河、水库坝堤溃决，形成遍地汪洋、恶浪滔天，导致大量城乡居民因无法逃生而遇难。尤其是我国东部地区，常常发生强度大、范围广的暴雨，而江河防洪能力又较低，因此洪涝灾害的突发性强，而且发生频繁。据《明史》和《清史稿》资料统计，明清两代（1368—1911 年）的 543 年中，范围涉及数州县到 30 个州县的水灾共有 424 次，平均每 4 年发生 3 次，其中范围超过 30 个州县的共有 190 年次，平均每 3 年 1 次。新中国成立以来，洪涝灾害年年都有发生，只是大小有所不同而已。特别是 20 世纪 50 年代，10 年中就发生大洪水 11 次，每次都造成重大的人员伤亡。

2. 造成建筑物损坏

由于一个地区内聚集了大量的水，山洪暴发时的急流往往在流动时带有巨大的冲击力，除了能够冲走行人、汽车，甚至还能冲毁房屋。另外，洪水中夹杂的淤泥和碎片也会对建筑物和物品造成损坏。如 1966 年，由一场暴风雨引起的大洪水席卷了流经意大利佛罗伦萨市的阿尔诺河，导致佛罗伦萨这座世界艺术之都惨遭洪水、泥浆和黏土的蹂躏。除人员伤亡和建筑物损坏外，这座城市的艺术收藏品也遭到了巨大的破坏，小城内地下室和平房中存储的所有物品几乎都被涂满了泥浆和黏土。

3. 经济损失巨大

洪涝灾害冲毁农田，造成农业大量减产甚至绝收，有时造成连续多年的减产减收；冲塌房屋，居民财产被吞没，使人民财产遭到严重损失；造成城镇受淹，工矿企业事业单位被淹停产停业，各单位的财产损失十分严重；毁坏铁路、公路和城镇基础设施；破坏水利设施等。据统计，我国仅 1991 年和 1998 年两年的洪涝灾害，造成的直接经济损失就分别达到 779 亿元和 2 550 亿元。

4. 造成交通中断

山洪破坏基础设施，造成铁路、公路以及桥梁等毁坏，使交通陷入瘫痪，电力、通信线路中断。特大山洪灾害往往冲毁渠道、桥梁、涵闸等水利工程，有时甚至导致大坝、堤防溃决造成更大的破坏，直接影响政治、经济以及人民的正常生活秩序，如图 4.7 所示。

图 4.7 山洪冲毁道路桥梁

5. 易引发次生灾害

洪涝灾害还常常伴随泥石流、滑坡、山崩，以及化工设施毁坏后所产生的化学事故和灾后出现的瘟疫、饥荒等次生灾害，使灾情趋于复杂化、扩大化。洪涝引起的山区泥石流突发性更强，一旦发生，人民群众往往来不及撤退，造成重大伤亡和经济损失。如 1991 年四川华蓥山一次泥石流死亡 200 多人，1991 年云南昭通一次泥石流也死亡 200 多人。

自救对策

1. 日常防范措施

（1）平时注意多学习一些防灾、减灾知识，养成汛期时关注天气预报的科学生活习惯，做到随时掌握天气变化，做好家庭防护准备，确保安全。

（2）密切注意汛期的洪水情报，服从防汛指挥部门的统一安排，及时避难。

（3）地处洼地的居民要准备沙袋、挡水板等物品，或砌好防水门槛，设置挡水土坝，以防洪水进屋。

（4）家中常备如船只、木阀、救生衣等可以安全逃生的物品，并在汛期到来前检查是否可以随时使用。

2. 临时救生物品

（1）挑选体积大的容器，如油桶、储水桶等。迅速倒出原有液体后，重新将盖盖紧、密封。

（2）空的饮料瓶、木酒桶或塑料桶都具有一定的漂浮力，可以捆扎在一起应急。

（3）足球、篮球、排球的浮力都很好。

（4）树木、桌椅板凳、箱柜等木质家具都有漂浮力。

3. 洪水来临前的准备

洪水到来之前，要尽量做好相应的准备。

（1）根据当地电视、广播等媒体提供的洪水信息，结合自己所处的位置和条件，冷静地选择最佳路线撤离，避免出现“人未走水先到”的被动局面。

（2）认清路标，明确撤离的路线和目的地，避免因为惊慌而走错路。

（3）自保措施：

①备足速食食品或蒸煮够食用几天的食品，准备足够的饮用水

和日用品。

②扎制木排、竹排，搜集木盆、木材、大件泡沫塑料等适合漂浮的材料，加工成救生装置以备急需。

③将不便携带的贵重物品做防水捆扎后埋入地下或放到高处，票款、首饰等小件贵重物品可缝在衣服内随身携带。

④保存好尚能使用的通信设备。

4. 洪水危险地带

在城市，危险地带有危房里及危房周围、危墙及高墙旁、洪水淹没的下水道、马路两边的下水井、地下通道、电线杆及高压线塔周围、化工厂及储藏危险物品的仓库。

在农村，危险地带有河床、水库及沟渠、涵洞、行洪区、围垦区、危房中、危房上、危墙下，还有电线杆及高压线塔下。

5. 遭遇突发山洪怎么办

在山区，突遭暴雨侵袭，河流水量会迅速增大，很容易暴发山洪。山洪具有突然性和暴发性强的特点。在山区行走和中途歇息中，应随时注意场地周围的异常变化和自己可以选择的退路、自救办法，一旦出现异常情况，迅速撤离现场。

（1）受到洪水威胁时，应该有组织地迅速向山坡、高地处转移。

（2）当突然遭遇山洪袭击时，要沉着冷静，千万不要慌张，并以最快的速度撤离。脱离现场时，应该选择就近安全的路线沿山坡横向跑开，千万不要顺山坡往下或沿山谷出口往下游跑。

（3）山洪流速急，涨得快，不要轻易游水转移，以防止被山洪冲走。山洪暴发时还要注意防止山体滑坡、滚石、泥石流的伤害。

（4）突遭洪水围困于基础较牢固的高岗、台地或坚固的住宅楼房时，在山丘环境下，无论是孤身一人还是多人，只要有序固守等待救援或等待陡涨陡落的山洪消退后即可解围。

（5）如措手不及，被洪水围困于低洼处的溪岸、土坎或木结构的住房里，情况危急时，有通信条件的，可利用通信工具向当地政府和防汛部门报告洪水态势和受困情况，寻求救援；无通信条件的，可制造烟火或来回挥动颜色鲜艳的衣物或集体同声呼救。同时要尽可能利用船只、木排、门板、木床等漂流物，做水上转移。

（6）发现高压线铁塔歪斜、电线低垂或者折断，要远离避险，不可触摸或者接近，防止触电。

6. 来不及转移怎么办

（1）向高处转移，如在基础牢固的房顶搭建临时帐篷。

（2）身处危房时，要迅速撤离，寻找安全坚固处所，避免落入水中。

（3）除非在洪水可能冲垮建筑物或水面没过屋顶时被迫撤离，否则待着别动，等水停止上涨再逃离。

（4）扎制木排等逃生用品。

（5）利用通信设施联系救援。可利用眼睛片、镜子在阳光的照射下反光发出求救信号。夜晚，利用手电筒及火光发出求救信号。

（6）当发现救援人员时，应及时挥动鲜艳的衣物、红领巾等物品，发出救援信号。

7. 面对不断上涨的洪水怎么办

（1）在底楼或低处，应随着不断上涨的洪水，一层一层地向高层及高处移动。

（2）当无法再向高处转移时，应仔细观察、判断水势是否继续上涨，上涨的洪水是否危及生命，附近是否有更安全的场所，是否可以安全到达。

（3）必须转移时，一定要制定出严密、安全、可行的预案。

8. 落水自救

（1）万一掉进水里，要屏气并捏住鼻子，避免呛水，试试能否站起来。

（2）如水太深，站不起来，又不能迅速游到岸上，就踩水助游，或抓住身边漂浮的任何物体。

（3）如会游泳，就游向最近而且容易登陆的岸边。如不会游泳，千万不要慌乱，可按以下两种办法行动：一是面朝上，头向后仰，双脚交替向下踩水，手掌拍击水面，让嘴露出水面，呼出气后立刻使劲吸气；二是迅速观察四周，看是否有露出水面的固定物体，并向其靠拢。

温馨提示

（1）一定要保持冷静，迅速判断周边环境，尽快向山上或较高地方转移。如一时躲避不了，应选择一个相对安全的地方避洪。

（2）山洪暴发时，不要沿着行洪道方向跑，而要向两侧快速躲避，千万不要轻易涉水过河。

（3）洪水到来时，来不及转移的人员要就近迅速向山坡、高地、楼房、避洪台等地转移，或者立即爬上屋顶、楼房高层、大树、高墙等高的地方暂避，等待救援人员的到来。

（4）如洪水继续上涨，暂避的地方已难自保，则要充分利用准备好的救生器材逃生，或者迅速借助一些门板、桌椅、木床、大块的泡沫塑料等能漂浮的材料进行逃生。

（5）被山洪困在山中，应及时与当地政府防汛部门取得联系，报告自己的方位和险情，积极寻求救援。注意：千万不要游泳逃生，不可攀爬带电的电线杆、铁塔，也不要爬到土坯房的屋顶。

（6）如已被卷入洪水中，一定要尽可能抓住固定的或能漂浮的东西，寻找机会逃生。

（7）发现高压线铁塔倾斜或者电线断头下垂时，一定要迅速远避，防止直接触电或因地面“跨步电压”触电。

（8）在洪水期间务必只饮用瓶装水或开水，洪水过后，要做好各项卫生防疫工作，预防疫病的流行。

三、融雪洪水

融雪洪水是由积雪融化形成的洪水，简称雪洪，其主要补给源为冰融水和雪融水。融雪洪水主要分布在我国东北和西北高纬度山区如新疆阿勒泰等地区，河流冬季的积雪较厚，随着春季气温大幅度升高，各处积雪同时融化，江河流量或水位突增形成融雪洪水。这种洪水一般发生在4—6月，洪水历时长，涨落缓慢，洪水过程受气温影响而呈锯齿形，具有明显的日变化。洪水大小取决于积雪面积、积雪深度和融雪率。和普通洪水不同的是，融雪性洪水当中会夹杂大量的冰凌，所到之处，带来的破坏性也大。如图4.8所示。

图4.8 融雪洪水

形成原因

融雪洪水的形成主要有两个方面的原因：一是当地本身所处的地理位置以及气候环境条件使该地区在冬季可以贮存较丰富的季节性积雪，它们是春季融雪洪水形成的主要物质；二是冬季降水以积雪形式贮存于山区，当春季到来，热力条件及高空零度层的稍微变化，即零度层的抬升，便会影响该地区大面积积雪消融。加之前山带具有增温快的特点，积雪消融迅速，汇流快，洪水直泻而下。

融雪洪水的形成机理、发生发展过程不同于其他类型洪水，因而其出现时间、表现形式等方面与暴雨洪水、冰川湖突发洪水等相比具有其独自特点。

1. 出现时间集中，规律性强

据统计，融雪洪水出现时间大多集中在3月5日至4月20日，最大洪峰出现时间多集中于3月底至4月初。如图4.9所示。

图4.9　新疆多地突发融雪洪水

2. 持续时间长

融雪洪水的一个突出特点在于持续时间长，大多在30天左右，持续时间最长的达40天，最短也达10多天。

3. 量级多变，相差极大

融雪洪水虽然在出现时间上比较集中，表现出一定的规律性特征，然而，年际融雪洪水的大小、河道来水量的多寡则变化不定，不同年份的来水量有时相差几十倍。除了洪峰流量、最大日均流量多变，汛期河道来洪总量上也变化很大，十分复杂。融雪洪水年际来洪量的多变性以及洪水总量上的极大差异，显示了洪水形成及预报的复杂性。

案例回放

2010年3月新疆北部升温与雨雪天气反复交错，导致伊犁、阿勒泰、塔城等地融雪性洪水频发，部分地区交通屡次受阻，群众生产生活受到影响。异常的天气变化给群众的生产生活造成很大损失，造成伊犁河谷31万人受灾，1万多座温室大棚、2万多座房屋倒塌，4万多头牲畜死亡。

2012年3月12日，乌鲁木齐市米东区芦草沟河发生融雪性洪水，大量融冰随洪水而下堆积在河道中，致使该河道五七公路桥阻塞500多m长。由于洪水不能及时排除，河道两侧多家单位被淹。河道中满是重达数吨的巨型冰块，冰块堆积超出芦草沟河近3m高。由于河床被巨型冰块阻塞，冰川融水不能及时通行，导致洪水漫堤外流。

（1）融雪洪水大，河道来水量多变，如积雪消融迅速、汇流快，洪水直泻而下，冲毁河道、桥梁，造成交通中断，人民生命财产受到威胁。

（2）融雪洪水夹杂大量冰凌，阻塞河道，撞毁船舶。

自救对策

（1）一定要保持冷静，迅速判断周边环境，尽快向高地转移；如一时躲避不了，应选择一个相对安全的地方避洪。

（2）融雪洪水发生时，不要沿着行洪道方向跑，而要向两侧快速躲避。

（3）千万不要轻易涉水过河。

（4）如果发生人员被困，应及时与当地政府防汛部门取得联系，寻求救援。

温馨提示

（1）调集大型机械设备对河岸堤坝进行加固，并安排相关人员巡逻。

（2）及时清除积雪。

（3）密切关注当地气象、水文部门的最新消息。

四、冰凌洪水

冰凌洪水是河流中因冰凌阻塞和河道内蓄冰、蓄水量的突然释放，而引起的显著涨水现象。大量冰凌阻塞形成冰雪或冰坝，使上游水位显著壅高。当冰雪融化，冰坝突然破坏时，河槽蓄水量下泄，形成洪水。冰凌洪水往往造成严重灾害。我国危害比较大的冰凌洪水主要发生在黄河干流上游宁蒙河段、下游山东河段及松花江哈尔滨以下河段。

形成原因

冰凌洪水是冰川或河道积冰融化形成的洪水。在河道封冻期间冰盖下形成的冰基、冰絮等，堵塞了部分过水断面，上下断面过流失去平衡，河槽内积蓄的水量，随着时间延长而增加。在解冻开河时，这部分积蓄的水量，急剧释放下泄，自上而下沿程流量递增，水位也相应上涨，加之冰凌卡塞，形成“冰凌洪水”或“凌汛洪水”。

冰凌洪水主要发生在黄河、松花江等北方江河上。由于某些河段由低纬度流向高纬度，在气温上升、河流开冻时，低纬度的上游河段先行开冻，而高纬度的下游河段仍封冻，上游河水和冰块堆积在下游河床，形成冰坝，也容易造成灾害。在河流封冻时也有可能产生冰凌洪水。如图4.10所示。

图4.10 黄河冰凌

分 类

按洪水成因，冰凌洪水可分为冰塞洪水、冰坝洪水和融冰洪水3种。

（1）冰塞洪水。河流封冻后，冰盖下冰花、碎冰大量堆积，堵塞部分过水断面，造成上游河段水位显著壅高。当冰塞融解时，蓄水下泄形成洪水过程。

（2）冰坝洪水。冰坝一般发生在开河期，大量流冰在河道内受阻，冰块上爬下插，堆积成横跨断面的坝状冰体，严重堵塞过水断面，使坝的上游水位显著壅高，当冰坝突然破坏时，原来的蓄冰和河槽蓄水量迅速下泄，形成凌峰向下游推进。

（3）融冰洪水。封冻河流或河段主要因热力作用，使冰盖逐渐融解，河槽蓄水缓慢下泄而形成的洪水。

案例回放

从1996年1月16日开始，新疆特克斯河部分河道被冰层堵塞，冰冻达20km，河面冰层厚度达80cm，加上河水中夹带的冰块，使主河道堵塞处的冰冻厚度达到3m之高，以致形成冰坝，造成主水头偏移，河水上溢漫滩，向巩留县阿克塔木草原溢流。1月18日，冰水淹没草原。由于溢口多，溢水流量大，加上天气寒冷，地层被冻，冰水不能沿自然沟畅流，而是水流蔓延处随即冻结，阻断道路。这次冰洪造成居住在9 000多km^2草原上的660余户牧民、62万头牲畜受到不同程度的危害，截至1月24日阿克塔木草原已有5 000多km^2草原被水淹没，310户、2.7万头牲畜棚圈被水浸泡或被水围困与外界隔绝，其中150余间房屋、50余座棚圈进水，90余间房屋、50余座棚圈倒塌，直接经济损失达250万元以上。

2008年2月10日，新疆伊犁河北岸伊宁市段冰凌性洪水漫堤，随着冰凌灾害的加剧，水面浮冰不断增加，河水将长达800m的防洪堤冲毁倾泄而下，淹向附近的农田和树林，造成4km防洪堤几乎报废。灾害波及当地周边33户居民，196人紧急转移。如图4.11所示。

图4.11 冰凌洪水来袭

冰凌洪水突发性强，危害性大，发生前无任何征兆，暴发突然，来势凶猛。冰流洪峰量可以在几分钟内迅速

猛增到每小时几百立方米。洪水突发性强，预警时间短，防不胜防，破坏性极大。

自救对策

（1）沿河居住或洪水多发区内的居民，平时应尽可能多地了解洪水灾害防御的基本知识，掌握逃生自救的本领。

（2）要观察、熟悉周围环境，预先设定紧急情况下避险的安全路线和地点。

（3）一旦发现危急情况，及时向相关部门报警并告知周边邻里，先将家中老人和小孩及贵重物品转移到安全处。

（4）防汛主管部门统一调度时，要服从指令，不得擅自行动。

（5）及时清除冰凌，疏通河道，如图 4.12 所示。

图 4.12　清除冰凌

温馨提示

冰凌洪水期要多听、多看天气预报，留心、注意险情可能发生的前兆，动员家人随时做好安全转移的思想准备。

五、溃坝洪水

堤坝或其他挡水建筑物瞬时溃决，发生水体突泄所形成的洪水称为溃坝洪水，其破坏力远远大于一般暴雨洪水或融雪洪水。因地震、滑坡或冰川堵塞河道壅高水位后，堵塞处突然崩溃引发的洪水，也常划入溃坝洪水。

形成原因

溃坝洪水分自然和人为两大因素。如超标准洪水、冰凌、地震等导致大坝溃决属于自然因素。设计不周、施工不良、管理不善、战争破坏等导致大坝溃决属于人为因素。

溃坝的发生和溃坝洪水的形成属于非正常和难以预测的事件。突然失去阻拦的水体常以立波的形式向下游急速推进，水流汹涌湍急，时速常达 20 ～ 30km，下游邻近地区难以防护。溃坝洪水洪峰高、水量集中，洪水过程变化急剧。最大流量即产生在坝址处，出现时间在坝体全溃的瞬间稍后，库内水体常常在几小时内泄空。如图 4.13 所示。

图 4.13　溃坝洪水

案例回放

1933 年岷江上游迭溪地震，坍塌的石方堵塞岷江达 45 天，使上游出现深约 100m 的湖泊，其后挡水体部分溃决，水体突然泄放，冲毁灌县的一条街，使流经成都平原的岷江金马河段改道。1975 年 8 月淮河上游大水，冲毁板桥、石漫滩两座大型水库，淹地 100 万 hm^2，冲毁京广铁路 82km，中断运输 18 天。又如 1976 年 6 月 5 日，美国的蒂顿土坝，在首次蓄水时由于坝的右侧底部发生管涌导致溃决，使库内 3.03 亿 m^3 水体突然下泄，淹没坝下游 $780km^2$，其中耕地 60 万 hm^2，洪水摧毁爱达荷州的雷克斯堡和休格两座城镇，造成 14 人死亡，25 000 人无家可归，损毁铁路 51km，损失 10 亿美元。

危害

溃坝洪水的洪峰流量、运动速度、破坏力远远大于一般暴雨洪水或融雪洪水。其破坏能力与水库蓄水体、坝前上游水深、水头、溃决过程及坝址下游河道的两岸地形有密切关系。溃前库蓄水体越大，坝址水头越高，破坏力也越大。溃坝洪水造成的灾害往往是毁灭性的。

自救对策

（1）洪水到来时，来不及转移的人员，要就近迅速向山坡、高地、楼房、避洪台等地转移，或者立即爬上屋顶、楼房高层、大树、高墙等高的地方暂避。

（2）如洪水继续上涨，暂避的地方已难自保，则要充分利用准备好的救生器材逃生，或者迅速找一些门板、桌椅、木床、大块的泡沫塑料等能漂浮的材料扎成筏逃生。

（3）如果已被洪水包围，要设法尽快与当地政府防汛部门取得联系，报告自己的方位和险情，积极寻求救援。千万不要游泳逃生，不可攀爬带电的电线杆、铁塔，也不要爬到土坯房的屋顶。

（4）如已被卷入洪水中，一定要尽可能抓住固定的或能漂浮的东西，寻找机会逃生。

温馨提示

（1）发现高压线铁塔倾斜或者电线断头下垂时，一定要迅速远避，防止直接触电或因地面“跨步电压”触电。

（2）洪水过后，要做好各项卫生防疫工作，预防疫病的流行。

六、旱灾

旱灾是指因气候严酷或不正常的干旱而形成的气象灾害。因土壤水分不足，农作物水分平衡遭到破坏而减产或歉收从而带来粮食问题，甚至引发饥荒。同时，旱灾也可令人类及动物因缺乏足够的饮用水而致死。此外，旱灾后容易发生蝗灾，进而引发更严重的饥荒，导致社会动荡。仅仅从自然的角度来看，旱灾和干旱是两个不同的科学概念。干旱通常指因长期少雨而空气干燥、土壤缺水、淡水总量少，不足以满足人的生存和经济发展的气候现象。干旱一般是长期的现象，而旱灾却不同，它只是属于偶发性的自然灾害，甚至在通常水量丰富的地区也会因一时的气候异常而导致旱灾。如图 4.14 所示。

图 4.14　旱灾

形成原因

旱灾的形成主要有以下几个方面：

（1）地壳板块滑移漂移，导致表层水分渗透流失转移，使地表丧失水分。

（2）水土流失，植树被破坏。

（3）天文潮汛期所致。

（4）水利工程缺乏或者水利基础设施脆弱，没有涵养水源。

（5）没有顺应洪涝和干旱汛期规律，做到洪涝时蓄水涵养，干旱期取水调水。

案例回放

1920 年，中国北方大旱，山东、河南、山西、陕西、河北等省遭受了 40 多年未遇的大旱灾，灾民 2 000 万人，死亡 50 万人。

1928—1929 年，中国陕西省大旱，全省共 940 万人受灾，死者达 250 万人，逃难者 40 余万人，被卖妇女竟达 30 多万人。

1943 年，中国广东大旱，许多地方年初至谷雨没有下雨，造成严重粮荒，仅台山县饥民就死亡 15 万人。有些灾情严重的村子人口损失过半。

1943 年，印度、孟加拉国等地大旱，无水浇灌庄稼，粮食歉收，造成严重饥荒，死亡 350 万人。

1968—1973 年，非洲大旱，涉及 36 个国家，受灾人口 2 500 万人，逃荒者逾 1 000 万人，累计死亡人数达 200 万以上，仅撒哈拉地区死亡人数就超过 150 万。

2010—2012 年，云南昆明连续三年干旱，造成全市 48.8 万人、23.7 万头大牲畜饮水困难，47 条河道断流，93 座水库干涸，

95 口机耕井出水不足。农作物受灾 9.2 万 hm^2，其中小春粮食作物受灾 7.8 万 hm^2，占栽种面积的 78%，林业受灾 2.7 万 hm^2。

危害

旱灾从古至今都是人类面临的主要自然灾害，即使在科学技术如此发达的今天，其造成的灾难性事件仍然比比皆是。尤其值得注意的是，随着人类的经济发展和人口膨胀，水资源短缺现象日趋严重，这也直接导致了干旱地区的扩大与干旱化程度的加重。旱灾已成为全球关注的问题，如图 4.15 所示。

图 4.15　土地正遭受不同程度的旱灾

回顾生物进化和人类文明的历史长河，旱灾不仅导致恐龙灭绝，使生物界几度濒临毁灭，而且也曾使人类文明的发展遭受过许多挫折。

古希腊伟大文化的中心——位于雅典西南 100km，历经几个世纪繁荣文明的迈锡尼，于耶稣诞生前 1200 年前后，因为旱灾及由旱灾引起的饥民暴动而变为废墟，迈锡尼文化也随之彻底毁灭。

唐天宝末年到乾元初，公元8世纪中期，连年大旱，以致瘟疫横行，出现过“人食人”、“死人七八成”的悲惨景象，全国人口由原来的5 000多万降为1 700万左右。

明崇祯年间，华北、西北1627—1640年发生了连续14年的大范围干旱，以致呈现出“赤地千里无禾稼，饿殍遍野人相食”的凄惨景象。这次特大旱灾加速了明王朝的灭亡。

与此类似的另外两次大旱灾发生于1720—1723年和1875—1878年，灾民因饥饿而出现“人相食”的县数分别为48个和38个，其中有4个县井泉枯竭或河沟断流。

2009年2月3日，河南、安徽、山东、河北、山西、陕西、甘肃等小麦主产区受旱953.3万hm^2，其中严重受旱379.5万hm^2，分别比上年同期增加893.3万hm^2和374万hm^2。

防御对策

1949年以来，我国兴修了大量水利工程，发展排灌事业，提高了抗旱能力。至1987年年底，排灌机械保有量593.5万台、6 242.2万kW，配套机耕井243万眼，全国有效灌溉面积达4 800万hm^2。1978年虽遭特大干旱，由于各类水利工程发挥作用，通过引、提、蓄等多种措施，挖掘水源，扩大灌溉面积，仍保证了当年的农业生产。自然界的干旱是否造成灾害，受多种因素影响，对农业生产的危害程度则取决于人为措施。防止干旱的主要措施有：

（1）兴修水利，发展农田灌溉事业。

（2）改进耕作制度，改变作物构成，选育耐旱品种，充分利用有限的降雨。

（3）植树造林，改善区域气候，减少蒸发，降低干旱风的危害。

（4）研究应用现代技术和节水措施，例如人工降雨，喷滴灌、地膜覆盖、保墒，以及暂时利用质量较差的水源，包括劣质地下水以至海水等。

（5）防止水土流失。水土流失造成的植被破坏也是导致旱灾的重要因素之一，防止水土流失具体措施有：

①不破坏植被，植树造林。

②为防止土地沙化，沙地不种植农作物，尽量种植草和树。

③防止土壤板结。

④多用农家肥尽量少用无机肥，少用或不用含磷化肥。

⑤采取隔年种植的方式以保持土壤肥力。

自救对策

发生旱灾时，可以用如下方法寻找水源：

（1）在干枯的河床外弯最低点、沙丘的最低点处挖掘，可能寻找到地下水。

（2）采用冷凝法获得淡水。具体方法是在地上挖一个直径90cm左右、深45cm的坑，用塑料布覆盖其上。坑里的空气和土壤迅速升温，产生蒸汽。当水蒸气达到饱和时，会在塑料布内面凝结成水滴，滴入下面的容器，使我们得到宝贵的水。在昼夜温差较大的沙漠地区，一昼夜至少可以得到500mL以上的水。用这种方法还可以蒸馏过滤无法直接饮用的脏水。

（3）根据动植物来寻找水源。大部分的动物都要定时饮水，食草动物不会远离水源，它们通常在清晨和黄昏到固定的地方饮水，一般只要找到它们经常路过踏出的小径，向地势较低的地方寻找，就可以发现水源。发现昆虫是一个很好的水源标志，尤其是蜜蜂，它们离开水源不会超过 6.5km，但它们没有固定的活动时间规律。大部分种类的苍蝇活动范围都不会超过离水源 100m 的范围，如果发现苍蝇，有水的地方就在你附近。如图 4.16 所示。

图 4.16　寻找水源

温馨提示

（1）旱灾过后突降暴雨时，要防止山体滑坡和泥石流的发生。

（2）要注意防火。

第五章　海洋灾害

海洋灾害是指源于海洋的自然灾害。海洋灾害主要有灾害性海浪、海冰、赤潮、海啸和风暴潮、龙卷风；与海洋、大气相关的灾害性现象还有“厄尔尼诺现象”、“拉尼娜现象”、台风等。我国是世界上海洋灾害最严重的国家之一，海洋灾害造成的经济损失仅次于内陆的洪涝和风沙等灾害。1980—2002 年的 22 年中，海洋灾害的经济损失大约增长了 30 倍，高于沿海经济的增长速度，已成为我国海洋开发和海洋经济发展的重要制约因素。海洋防灾减灾直接关系到国家的社会安定、经济发展和沿岸人民的生命和财产安全。

一、海啸

海啸又称为地震海波或潮波，水下地震、火山爆发或水下塌陷和滑坡等大地活动都可能引起海啸。当地震发生于海底，因震波的动力而引起海水剧烈地起伏，形成强大的波浪，向前推进，将沿海地带一一淹没，上陆地后所造成的巨大人员伤亡和财产损失的灾害，称为海啸，如图 5.1 所示。海啸可分为四种类型，即由气象变化引起的风暴潮、火山爆发引起的火山海啸、海底滑坡引起的滑坡海啸和海底地震引起的地震海啸。

海啸是一种具有强大破坏力的海浪。水下地震、火山爆发或水下塌陷和滑坡等大地活动都可能引起海啸。

海啸时掀起的狂涛骇浪，高度可达10多米至几十米不等，形成“水墙”。如果海啸到达岸边，“水墙”就会冲上陆地，对人类生命和财产造成严重威胁。

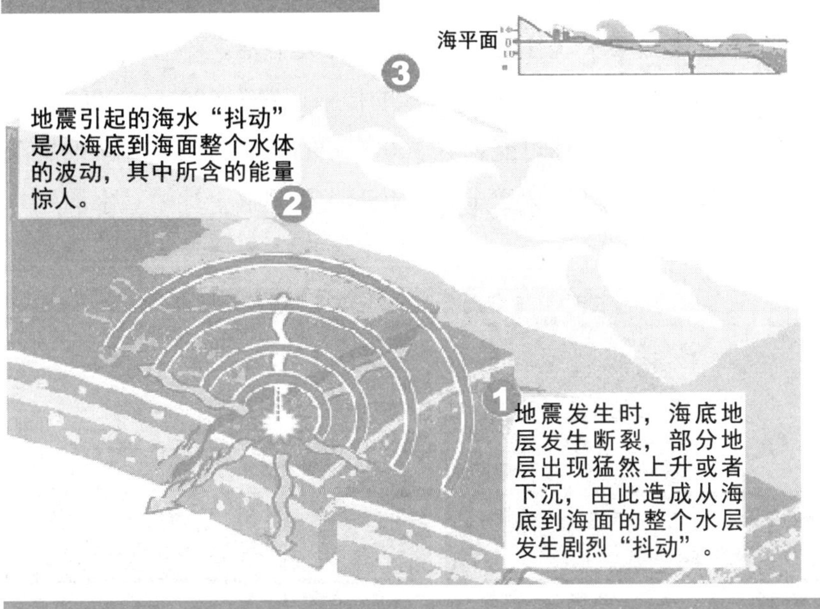

图5.1　海啸产生示意图

我国位于太平洋西岸，大陆海岸线长达1.8万km。但由于我国大陆沿海受琉球群岛和东南亚诸国阻挡，加之大陆架宽广，越洋海啸进入这一海域后能量衰减较快，对大陆沿海影响较小。发生在2004年12月的印度洋大海啸已经吞噬了23万多人的生命，让人类再次感到海啸的恐怖。其实，只要掌握必要的逃生知识，在海啸灾难中还是可以全身而退的。

形成原因 

海啸是由水下地震、火山爆发或水下塌陷和滑坡等大地活动造成的海面恶浪，并伴随巨响的自然现象，是一种具有强大破坏力的海浪，是地球上最强大的自然力。当海底地震导致海底变形时，变形地区附近的水体产生巨大波动，海啸就产生了。海啸的波长比海洋的最大深度还要大，在海底附近传播不受阻滞，不管海洋深度如何，波都可以传播过去。海啸在海洋的传播速度为 500 ～ 1 000km/h，而相邻两个浪头的距离可能远达 500 ～ 650km，它的这种波浪运动所卷起的海涛，波高可达数十米，并形成极具危害性的“水墙”，如图 5.2 所示。

图 5. 2　海啸引起的“水墙”

海啸是一种灾难性的海浪，通常由震源在海底下 50km 以内、里氏震级 6.5 级以上的海底地震引起。水下或沿岸山崩或火山爆发也可能引起海啸。在一次震动之后，震荡波在海面上以不断扩大的圆圈，传播到很远的距离，正像卵石掉进浅池里产生的波一样。海啸波长比海洋的最大深度还要大，轨道运动在海底附近也没受多大阻滞，不管海洋深度如何，波都可以传播过去。

海啸通常由地震引起海底隆起和下陷所致。海底突然变形，致使海水从海底到海面整体发生大的涌动，形成海啸袭击沿岸地区。破坏性的地震海啸，只在出现垂直断层、里氏震级大于 6.5 级的条件下才能发生。海啸来袭之前，海潮总是先突然退到离沙滩很远的地方，一段时间之后海水才重新上涨，这是因为在大多数情况下，出现海面下落的现象都是因为海啸冲击波的波谷先抵达海岸。波谷就是波浪中最低的部分，它如果先登陆，海面势必下降。同时，海啸冲击波不同于一般的海浪，其波长很大，因此波谷登陆后，要隔开相当一段时间，波峰才能抵达。另外，这种情况如果发生在震中附近，那可能是另一个原因造成的：地震发生时，海底地面有一个大面积的抬升和下降。这时，地震区附近海域的海水也随之抬升和下降，然后就形成了海啸。

海啸的特征之一是速度快，地震发生的地方海水越深，海啸速度越快。海水越深，因海底变动涌动的水量越多，因而形成海啸之后在海面移动的速度也越快。如果发生地震的地方水深为5 000m，海啸和喷气机速度差不多，每小时可达800km，移动到水深10m的地方，时速放慢，变为40km。由于前浪减速，后浪推过来发生重叠，因此海啸到岸边波浪升高，如果沿岸海底地形呈“V”形，海啸掀起的海浪会更高。

案例回放

大约在公元前1500年，地中海的锡拉岛（现在也称为圣托里尼岛）海底火山爆发产生极大破坏力。根据美国国家海洋和大气管理局（NOAA）海啸研究中心的研究，此次火山爆发创造了历史记录中的第一个海啸。确切的死亡人数无法统计，但地理证据表明，此次海啸淹没了克里特岛沿海地带15m。

1755年11月，大西洋的大地震震动了葡萄牙的西南部，里斯本市因为此次地震以及并发的火灾而毁于一旦。与此同时，地震引发的海啸席卷了葡萄牙、西班牙、摩洛哥的沿海城镇。据估计，袭击里斯本的海浪高达6m。

2004年12月26日，强度达里氏9.1～9.3级的大地震袭击了印度尼西亚苏门答腊岛海岸，持续时间长达10分钟。此次地震引发的海啸甚至危及远在索马里的海岸居民。仅印度尼西亚就死了16.6万人，斯里兰卡死了3.5万人。印度、印度尼西亚、斯里兰卡、缅甸、泰国、马尔代夫和东非有200多万人无家可归。

危害

1. 突发性强，受灾区域广

海啸发生发展速度快，通常以每小时700～800km的速度扩展。这种海浪宽度可达几百千米，并在短时间内席卷岛屿或大陆沿海地区，受灾区域广。2004年印度尼西亚的苏门达腊外海发生9级海底地震引发海啸，袭击了斯里兰卡、印度、泰国、印度尼西亚、马来西亚、孟加拉国、马尔代夫、缅甸等印度洋周边的12个国家，甚至还包括非洲东岸的一些国家，如图5.3所示。

图5.3　海啸袭来

2. 破坏力大，危害性强

地震海啸给人类带来的灾难是十分巨大的。由于海啸携带着极大的能量，当其接近浅水区或者冲上海岸时，可以产生强大的破坏力。海啸挟狂风巨浪以摧枯拉朽之势，冲过海岸线，越过田野，迅猛地袭击着岸边的城市和村庄，摧毁大片城镇建筑、设施，形成风暴潮，致使海浪冲破海堤、海水倒灌，引起洪水泛滥和堤坝溃决等。港口所有设施，被震塌的建筑物，在狂涛的“洗劫”下，被席卷一空。事后，海滩上一片狼藉，到处是残木破板和人畜尸体。

3. 人员伤亡重，财产损失大

海啸一般是在地震后一定时间内形成，如果预防不及时，在海啸波及的范围内，人员很难安全逃离，容易造成伤亡，同时还会使灾民心理健康遭到严重创伤。虽然海啸在遥远的海面只有数厘米至数米高，但由于海面隆起的范围大，有时海啸的宽幅达数百千米，这种巨大的“水块”产生的破坏力非常巨大，严重危害岸上的建筑物和人的生命。据调查，2004 年 12 月印度洋大海啸在泰国沿岸把一艘 50t 重的船从海边推到岸上 1.2km 远的地方。从有关数据来看，如果海啸高达 2m，木制房屋会瞬间遭到破坏；如果海啸高达 20m 以上，钢筋水泥建筑物也难以招架。另外，2011 年 3 月 11 日日本东北部海岸遭强震袭击，初步估计震级达到里氏 8.8 级，后再次于 3 月 13 日修改为里氏 9.0 级，并引发 10m 高的海啸。根据后续研究表明，海啸最高达到 23m。日本官方已确认地震海啸造成 8 133 人死亡，失踪 12 272 人。

4. 灾情持久，救援难度大

由于海啸的成因不同，灾害地区很可能同时出现地震、气象风暴等双重灾害的局面。而且海啸后常常给岛屿和沿海地区造成严重的损毁，次生灾害复杂，建筑连片倒塌多、人员伤亡严重、交通通信中断，给灾后救援增大了难度，往往要动用很多人力、物力、设备和物资，经过很长时间，才能逐渐消除海啸造成的危害。

自救对策

目前，人类对海啸突如其来的灾变只能通过预测、观察来预防或减少其所造成的损失，但还不能控制它们的发生。

（1）不是所有地震都引起海啸，但任何一种地震都可能引发海啸。因此，当你感觉强烈地震或长时间的震动时，可能是海啸发生的前兆，应立即离开海岸，快速到高地等安全处避难。

（2）如果收到海啸警报，没有感觉到震动也要立即离开海岸，快速到高地等安全处避难。通过收音机或电视等掌握信息，在没有解除海啸警报之前，不要靠近海岸。

（3）发生海啸时，航行在海上的船只不可以回港或靠岸，应该马上驶向深海区，深海区相对于海岸更为安全。船主应该在海啸到来前把船开到开阔海面，如果没有时间开出海港，所有人都要撤离停泊在海港里的船只。

（4）若不慎落入水中，尽可能寻找可用于救生的漂浮物，尽可能地保留身体的能量，沉着冷静，等待救援。

（5）如果海啸到来时来不及转移到高地，可以暂时到海岸线附近坚固建筑的高层躲避。

（6）礁石和某些地形能减缓海啸冲击力，因此在听到海啸警报后远离低洼地区是最好的求生手段。

温馨提示

（1）地震海啸发生的最早信号是地面强烈震动，地震波与海啸的到达有一个时间差，正好有利于人们避险。地震是海啸的“排头兵”，如果感觉到较强的震动，就不要靠近海边、江河的入海口。如果听到有关附近地震的报告，要做好防海啸的准备，要记住，海啸有时会在地震发生几小时后到达离震源上千千米远的地方。

（2）如果发现潮汐突然反常涨落，海平面显著下降或者有巨浪袭来，并且有大量的水泡冒出，都应以最快速度撤离岸边。2004年圣诞节，10岁的英国女孩蒂莉·史密斯在印度尼西亚海啸发生时所做的事情就是一个例子。当天早晨，史密斯与家人在海滩散步，当看到“海水开始冒泡，泡沫发出嗞嗞声，就像煎锅一样”时，她凭借所学的科学知识，迅速判断出这是海啸即将到来的迹象。在她的警告下，约100名游客在海啸到达前几分钟撤退，幸免于难。

（3）海啸前海水往往会异常退去，并把鱼虾等许多海生动物留在浅滩，场面蔚为壮观。此时千万不要前去捡鱼或看热闹，应当迅速离开海岸，向内陆高处转移。

（4）当海啸警报响起，如果是在校学生请听从老师和学校管理人员的指示行动，如果在家中请召集所有家庭成员一起撤离到安全区域，同时听从当地救灾部门的指示。

（5）每个人都应该有一个急救包，里面应该有足够72h用的药物、饮用水和其他必需品。这一点适用于海啸、地震和一切突发灾害。

二、灾害性海浪

在海上引起灾害的海浪叫灾害性海浪。但在实际上，很难规定什么样的海浪属于灾害性海浪。对于抗风抗浪能力极差的小型渔船、小型游艇等，波高 2 ～ 3m 的海浪就构成威胁。而这样的海浪对于千吨以上的海轮则不会有危险。结合实际情况，在近岸海域活动的多数船舶对于波高 3m 以上的海浪已感到有相当的危险；对于适合近、中海活动的船舶，波高大于 6m 甚至波高 4 ～ 5m 的巨浪也已构成威胁；而对于在大洋航行的巨轮，则只有波高 7 ～ 8m 的狂浪和波高超过 9m 的狂涛才是危险的，如图 5.4 所示。

图 5.4 狂涛巨浪

这里的灾害性海浪是指海上波高达 6m 以上的海浪，即国际波级表中“狂浪”（highsea）以上的海浪，对其造成的灾害称为海浪灾害或巨浪灾害。通常，6m 以上波高的海浪对航行在海洋上的绝大多数船只已构成威胁。它常能掀翻船只，摧毁海洋工程和海岸工程，给航海、海上施工、海上军事活动、渔业捕捞带来灾难，正确及时地预报这种海浪，对保证海上安全生产尤为重要。

形成原因

海浪是指由风产生的海面波动，其周期为 0.5 ～ 25m，波长为几十厘米至几百米，一般波高为几厘米至 20m，在罕见的情况下，波高可达 30m。灾害性海浪是在台风、温带气旋、寒潮的强风作用下形成的，由强烈大气扰动，如热带气旋（台风、飓风）、温带气旋和强冷空气大风等引起的海浪，在海上常能掀翻船只，摧毁海上工程和海岸工程，造成巨大灾害。通常把这种在海上引起灾害的海浪称为灾害性海浪。有些学者还把这种能导致发生灾害的海浪称为风暴浪或飓风浪。

案例回放

有史以来，全世界差不多有100多万艘船舶沉没于惊涛骇浪之中。中国古代航海文献中，多处记载了航海者与狂风恶浪搏斗的场面。

隋唐时期，鉴真和尚在11年中东渡日本6次，前5次都因遇巨浪而失败。据史书记载，公元1281年农历六月，元世祖忽必烈命范文虎率10多万军队，乘4 400多艘战舰攻占日本的一些岛屿。8月23日，一次台风突然袭击，战舰几乎全部毁坏、沉没，10多万军队仅3人生还。

1989年10月31日凌晨，渤海气旋大风突发，渤海海峡和黄海北部的风力达8～10级，海上掀起6.5m的狂浪。这时正由塘沽起航驶向上海的载重4 800t的“金山”号轮船受疾风狂浪的袭击，沉没在山东省龙口市以北48海里处，船上34人全部遇难。台湾“茂林”号渔轮也沉没于石岛东南方，船上8名船员全部遇难。烟台渔业公司“611”和“612”两艘渔轮因风暴巨浪影响导致操作失控，拱入扇贝养殖区，造成巨大经济损失。天津远洋运输公司的“保亭”号万吨轮受风浪影响在荣成市鸡鸣岛以西搁浅，直接经济损失1亿多元。又如，1990年1月18日开始，受冷空气影响，渤海、黄海和东海先后刮起7～8级大风，出现4～5m的巨浪，一艘15 000t级的外轮沉没。5天后，又一艘我国大连经济开发区5 000t级的“华竹”号货轮沉没。另外，1990年11月11日上午，8 000t级的“建昌”号中国货轮在南海海域遇到8级大风和7m狂浪的袭击而沉没，经多方救助，仍有2人遇难。

危害

灾害性海浪在近海常能掀翻船舶，摧毁海上工程，给海上航行、海上施工、海上军事活动、渔业捕捞等带来危害。在岸边不仅冲击摧毁沿海的堤岸、海塘、码头和各类构筑物，还伴随风暴潮，沉损船只、席卷人畜，并致使大片农作物受淹和各种水产养殖珍品受损，如图5.5所示。

图5.5 巨浪袭来

1. 摧毁海上工程，造成巨大经济损失

由于从中国陆地入海的温带气旋和寒潮大风的强度难以监视和预报，由它们引起的灾害性海浪，往往在海上造成更大更多的海难事故。海浪所导致的泥沙运动使海港和航道淤塞。灾害性海浪到了近海和岸边，对海岸的压力可达到30～50t/m^2。据记载，在一次大风暴中，巨浪曾把1 370t重的混凝土块移动了10m，20t的重物也被它从4m深的海底抛到了岸上。巨浪冲击海岸能激起60～70m高的水柱。1955—1982年的28年中，因狂风恶浪在全

球范围内翻沉的石油钻井平台就有36座。1980年8月的“阿兰”（Allen）飓风引起的巨浪，摧毁了墨西哥湾里的4座石油钻井平台。我国类似的石油海难事故也发生多起，据1982—1990年的统计，中国近海因灾害性台风海浪翻沉的各类船只达14 345艘，损坏9 468艘。平均每年沉损各类船只2 600多艘，最严重的1985年共翻沉4 236艘船，1986年4 102艘，1990年3 300艘。

1983年4月25日，一次强气旋影响导致海上出现11级大风和最大波高6.7m的狂浪，仅山东、辽宁两省的统计，受损渔船就有1 046艘，死亡渔民23人，还造成了大量水产养殖业的损失。在渤海中部作业的渤海海洋石油公司“107号浮吊船”也因受风浪袭击而沉没，虽然中、外人员撤离和抢救及时无一人伤亡，但经济损失相当严重。

2. 造成大量人员伤亡

近年来，海上恶性海难事故造成人员伤亡时有发生，这种海难事故大多是船舶在巨浪区中航行时发生的。据统计，1989年11月3日起于泰国南部暹罗湾的“盖伊”台风横行两天，狂风巨浪使500多人失踪，150多艘船只沉没，美国的“海浪峰”号钻井平台翻沉，84人被淹死。1979年11月，“渤海2号”石油钻井平台在移动作业中，遇气旋大风海浪沉没于渤海中部，平台上74人全部落水，除2人获救外其余全部遇难。1983年10月26日，美国阿克（ACT）石油公司租用的“爪哇海”号钻井船在南中国海作业时，因遭“8316”号台风激起波高达8.5m的狂浪袭击而沉没，船上中、外人员81人全部遇难。1991年8月15日，美国阿克石油公司租用的美国泰克多墨特公司的大型铺管船DB29船，在躲避“9111”

号台风时，在珠江口外被海浪断为两截而沉没，船上人员全部落水，经各方出动飞机12架，救捞船只14艘，历经32小时，救起189人，其中14人已死亡，另有6人随船沉入水中或失踪。

21世纪以来，我国近海和近岸曾发生多起由于灾害性海浪酿成的沉船事故，导致了大量人员伤亡和财产损失。

1906年9月22日，一次强台风袭击北部湾时，广西沿海沉船、倒屋、冲毁海堤、淹没农田不计其数，仅合浦县和北海市就死亡几千人。1922年8月2日广东汕头地区遭受一次台风暴潮与海浪袭击，使无数乡村多被卷入海涛之中，居民死亡7万余人。1923年8月18日的一次强台风，测到110节（55m/s）的最大风速和目测到波高近10m的狂浪，停在香港港内的16艘远洋船舶被狂浪抛上岸边，一艘潜水艇沉没。泊在九龙船坞内的1 700多t的“龙山”号轮船，也被风浪拉断锚链连同其他船只抛出海外，最后沉没，死亡40余人。1939年农历七月十五日的一次强台风，风浪和海潮一起肆虐，导致滨海县的海堤决口，淹死13 000人。

自救对策

（1）若遇到大浪呛水，切不可手忙脚乱拼命挣扎，这样只能使体力过早耗尽，正确方法是：保持镇静，看清方向，协调呼吸，自救或等待救援。

（2）不要在非游泳区游泳，非游泳区水域中水情复杂，常常有暗礁、水草、淤泥和旋涡，稍有大意，就可能发生意外。

（3）当接到巨浪预警，应迅速撤离海滩，到高地处避险。

（1）在海边游泳要注意潮水的时间，高潮后就将退潮，请尽量不要在退潮时游泳，以免往回游时体力消耗过大发生意外。

（2）千万不要在风暴潮、海啸出现时冲浪。

（3）若遇上裂流（一种几乎与海岸垂直、向海流动的强而窄的水流）将游泳者带到深水中，这时向岸边游似乎无济于事，请不要惊慌，只要看清方向，向平行于海岸的方向游动，一会儿便可避开这股强而窄的水流了。

（4）在海滩游泳时还要特别小心被有毒的海洋生物刺伤（如海胆、水母等）。最好避免到水母群聚的海域游泳，台风或大风雨过后也应避免到海边游泳，潜水者最好穿上长袖长裤的潜水衣。如果被水母蜇伤，会出现刺痛、瘙痒、红疹和水泡等现象，严重的会有恶心、呕吐等反应，因此，被水母蜇到时应马上用海水、食用醋或稀释的冰醋酸冲洗，千万不要用清水或酒精来处理。如果被海胆钙化的刺扎到皮肤，会引起剧痛、局部红肿，须小心地将刺拔除，并就医治疗。

三、海冰

海冰是指直接由海水冻结而成的咸水冰，也包括进入海洋中的大陆冰川（冰山和冰岛）、河冰及湖冰。咸水冰是固体冰和卤水（包括一些盐类结晶体）等组成的混合物，其盐度比海水低2‰～10‰，物理性质（如密度、比热、溶解热、蒸发潜热、热传导性及膨胀性）

不同于淡水冰。

形成原因

淡水在4℃左右密度最大，水温降到0℃以下即可结冰。海水中含有较多的盐分，由于盐度比较高，结冰时所需的温度比淡水低，密度最大时的水温也低于4℃。随着盐度的增加，海水的冰点和密度最大时的温度也逐渐降低。

分　类

海冰其按形成和发展阶段分为：初生冰、尼罗冰、饼冰、初期冰、一年冰和多年冰，如图5.6所示。

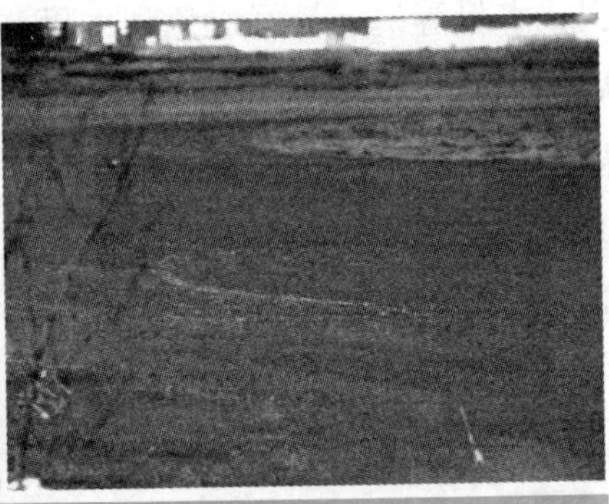

图5.6　海冰

（1）初生冰。最初形成的海冰，是针状或薄片状的细小冰晶，大量冰晶凝结，聚集形成黏糊状或海绵状，在温度接近冰点的海面上降雪，可不融化而直接形成黏糊状冰。在波动的海面上，结冰过程比较缓慢，但形成的冰比较坚韧，冻结成所谓的莲叶冰。

（2）尼罗冰。初生冰继续增长，冻结成厚度10cm左右有弹性的薄冰层，在外力的作用下，易弯曲，易被折碎成长方形冰块。

（3）饼冰。饼状冰破碎的薄冰片，在外力的作用下互相碰撞、挤压，边缘上升形成直径为 0.3 ～ 3m，厚度在 10cm 左右的圆形冰盘。在平静的海面上，也可由初生冰直接形成。

（4）初期冰。由尼罗冰或冰饼直接冻结一起而形成厚 10 ～ 30cm 的冰层。多呈灰白色。

（5）一年冰。由初期冰发展而成的厚冰，厚度为 0.3 ～ 3m。时间不超过一个冬季。

（6）多年冰。至少经过一个夏季而未融化的冰。其特征是表面比一年冰平滑，如图 5.7 所示。

图 5.7　多年冰

案例回放

1966 年，黄河口沿海在短时间内封冻离岸 10 ～ 15km，约 400 只渔船和 1 500 名渔民被冻在海上。

1969 年，渤海发生罕见的特大冰封，流冰边缘接近渤海海峡，造成了我国有记载以来最严重的一次海冰灾害。冰封期间，海冰摧毁了由 15 根 2.2cm 厚锰钢板卷成直径 0.85m、长 41m，打入海底 28m 深的空心圆筒桩柱全钢结槽的“海二井”石油平台；塘沽、秦皇岛、葫芦岛、营口和龙口等海港受到海冰堵塞和封锁，海上所有舰船受阻被困，致使渤海海上交通运输处于瘫痪状态。

1996 年，一艘 2 000t 级外籍油轮受到海冰的碰撞，在距鲅鱼圈港 60km 附近沉没，造成 4 人死亡。

2001 年，秦皇岛港航道灯标被流冰破坏，港内外数十艘船舶被海冰围困，造成航运中断，锚地有 40 多艘船舶因流冰作用走锚。天津港船舶进出困难，大东港船舶航行受到影响，渤海海上石油平台受到流冰严重威胁。

2010 年，辽宁、河北、天津、山东等沿海三省一市因海冰致受灾人口达 6.1 万人，船只损毁 7 157 艘，港口及码头封冻 296 个，水产养殖受损面积达 20.787 万 m^2，因灾直接经济损失 63.18 亿元。

危害 在渤海和黄海北部海冰灾害的发生比较频繁。根据资料统计，严重的和比较严重的海冰灾害大致每 5 年发生一次，而局部海区出现海冰灾害几乎年年都有发生。随着海上活动的增加，冬季海冰的危害和威胁也日渐增多，海冰的危害不仅能造成严重的经济损失，而且能损毁舰船、石油平台等，危及人们的生命安全，如图 5.8 所示。

舰船和海港等受海冰危害的形式大致有以下几种：

（1）封锁港口、航道。

（2）堵塞舰船海底门。

（3）使锚泊舰船走锚。

（4）挤压损坏舰船。

（5）破坏海洋工程建筑物和各种海上设施。

（6）使渔民休渔。

（7）船舶积冰。

图 5.8　海冰的危害

自救对策

救助被海冰围困的船只，进行破冰通常有三种方法：

（1）顶撞法，就是以破冰船前进的动力，由船体挤碎冰层。

（2）冲撞法，先进行倒车，后退几米，然后双车全速前进，撞碎冰层。

（3）堆积水破冰法，就是先将船体内的水抽到后舱，接着把抬起的船头开到冰面上，然后又将后舱的水抽到前舱，借助水的重量压碎冰层。

温馨提示

（1）可以在冰面上倾撒煤灰，利用吸收的日光热量融化海冰。

（2）人力起不到很好的效果时可以使用炸药，炸出一条航路。

（3）使用燃料加热融化海冰。

四、赤潮

“赤潮”，被喻为“红色幽灵”，国际上也称其为“有害藻华”。赤潮又称红潮，是海洋生态系统中的一种异常现象，它是由海藻家族中的赤潮藻在特定环境条件下爆发性地增殖造成的。海藻是一个庞大的家族，除了一些大型海藻外，很多都是非常微小的植物，有的是单细胞植物。赤潮是一个历史沿用名，它并不一定都是红色，根据引发赤潮的生物种类和数量的不同，海水有时也呈现黄、绿、褐色等不同颜色，如图 5.9 所示。

图 5.9　赤潮

形成原因

赤潮是在特定的环境条件下，海水中某些浮游植物、原生动物或细菌爆发性增殖或高度聚集而引起水体变色的一种有害的生态现象。赤潮是在特定环境条件下产生的，相关因素很多，但其中一个极其重要的因素是海洋污染。大量含有各种含氮有机物的废污水排入海水中，促使海水富营养化，这是赤潮藻类能够大量繁殖的重要物质基础。国内外大量研究表明，海洋浮游藻是引发赤潮的主要生物，在全世界4 000多种海洋浮游藻中有260多种能形成赤潮，其中有70多种能产生毒素。它们分泌的毒素有些可直接导致海洋生物大量死亡，有些甚至可以通过食物链传递，造成人类食物中毒。

案例回放

2000年我国海域共记录到赤潮28起，比1999年增加了13起，累计面积1万多平方公里。其中，东海发现11起，累计面积达7 800多平方公里；渤海发现7起，累计面积近2 000km²，黄海发现4起，累计面积800多km²；南海发现6起，但累计面积不到50km²。

赤潮发生次数较多的有浙江、辽宁、广东、河北、福建近岸、近海海域，浙江中部近海、辽东湾、渤海湾、杭州湾、珠江口、厦门近岸、黄海北部近岸等是赤潮多发区。引发赤潮的生物以甲藻类为主，其中有夜光藻、锥形斯氏藻和原甲藻。2000年5月12日至16日，浙江中部台州列岛附近海域发生面积为1 000 km²的赤潮。5月18日在该海域再次发现赤潮，赤潮区域呈褐色条状和片状分布，长约80km，宽约57km，面积约4 560km²，赤潮生物以具齿原甲藻（含有毒素）为主，密度最高值在水下2m处。5月20日赤潮区域扩展至5 800km²。5月24日，该赤潮仍然存在，呈暗红色块状，区域较5月20日有所北移，面积进一步扩大。7月9日至15日，辽东湾鲅鱼圈海域发现中心区域以淡红色为主，边缘区域以淡黄色、红褐色为主，呈絮状、条带状分布的赤潮，面积约350km²。其西南方有近2 000km²的水色异常区分布。8月17日，深圳坝光至惠阳澳头海域发生赤潮，面积约20km²，赤潮生物为锥形斯氏藻和原多甲藻。此次赤潮导致东升网箱养殖区养殖的卵形鲳参、美国红鱼、红鳍笛鲷、师鱼等大批死亡。

1. 对海洋渔业的危害

（1）破坏渔场的饵料基础，造成渔业减产。

（2）大量赤潮生物集聚于鱼类的鳃部，使鱼类因缺氧而窒息死亡。

（3）赤潮后期，赤潮生物大量死亡，在细菌分解作用下，大量消耗水中的溶解氧或产生硫化氢等有害物质，使其他海洋生物缺氧或中毒死亡。同时还会释放出大量有害气体和毒素，严重污染海洋环境，使海洋的正常生态系统遭到严重的破坏。

（4）有些赤潮生物体内或代谢产物中含有毒素，能直接毒死鱼、虾、贝类等生物，如图 5.10 所示。

图 5.10 赤潮的危害

2. 对人类健康的危害

由赤潮引发的赤潮毒素统称贝毒，目前确定有 10 余种贝毒，其毒素比眼镜蛇毒素高 80 倍，比一般的麻醉剂，如可卡因等强 10 万多倍。人若不慎食入了已经中毒的鱼、虾、贝类，会引起人体中毒，严重时可导致死亡。中毒症状为：初期唇舌麻木，发展到四肢麻木，并伴有头晕、恶心、胸闷、站立不稳、腹痛、呕吐等，严重者出现昏迷、呼吸困难。赤潮毒素引起人体中毒事件在世界沿海地区时有发生。

防御对策

1. 控制海域的富营养化

（1）应重视对城市污水和工业废水的处理，提高污水净化率。

（2）合理开发海水养殖业。

2. 人工改善水体和底质环境

（1）如在水体富营养化的内海或浅海，有选择地养殖海带、裙带菜、羊栖菜、红毛菜、紫菜、江篱等大型经济海藻，既可净化水体，又有较高的经济效益。

（2）利用自然潮汐的能量提高水体交换能力。

（3）可利用挖泥船、吸泥船清除受污染底泥，或翻耕海底，或以黏土矿物、石灰匀浆及沙等覆盖受污染底泥，来改善水体和底质环境。

3. 控制有毒赤潮生物外来种类的引入

要制定完善的法规和措施，防止有毒赤潮生物经船只和养殖品种的移植带入养殖区。赤潮的危害很大，治理也很困难，以往所采用的高岭土沉降法、喷洒硫酸铜溶液、投放以赤潮生物为食的小动物等方法，这些方法或者价格高昂，或者很难在大面积水体中取得比较理想的治理效果，或者还停留在实验阶段。因此，“以防为主”才是最好的方法。

温馨提示

（1）别把海洋当做天然泄污池，工业废水和生活污水的排放需经过严格的处理。

（2）及时对赤潮灾害的发生、发展和危害作出预警。

（3）渔场、养殖区接到赤潮预警，应切实履行禁捕、封闭等措施，并及时通过媒体对公众进行宣传，避免公众食用到受污染的水产品。

（4）采取切实可行的减灾和防灾措施减轻赤潮危害，如指导养殖户采取迁移、沉放养殖网箱，采用清洁饲养或臭氧处理等方式快速清除经济贝类体内赤潮毒素等。

（5）海上应急人员应配备必要的海上救生设备、防水服、防水手套、口罩等，尽量避免皮肤与赤潮水体直接接触。

五、风暴潮

风暴潮是一种灾害性的自然现象。由于剧烈的大气扰动，如强风和气压骤变（通常指台风和温带气旋等灾害性天气系统）导致海水异常升降，使受其影响的海区的潮位大大地超过平常潮位的现象，称为风暴潮，又可称“风暴增水”、“风暴海啸”、“气象海啸”或“风潮”。强烈的大气扰动引起的增水虽只有几米（世界上最高的风暴潮增水达6m以上），但总是叠加着几米高的

图 5.11　风暴潮

巨浪，而且其发生几率比海啸高得多。其影响范围一般为数十千米至上千千米，持续时间为 1 ～ 100 小时。因此也被认为是最具破坏力的海洋灾害之一，如图 5.11 所示。

分　类

风暴潮根据风暴的性质，通常分为由温带气旋引起的温带风暴潮和由台风引起的台风风暴潮两大类。

温带风暴潮，多发生于春秋季节，夏季也时有发生。其特点是：增水过程比较平缓，增水高度低于台风风暴潮。主要发生在中纬度沿海地区，以欧洲北海沿岸、美国东海岸以及我国北方海区沿岸为多。

台风风暴潮，多见于夏秋季节。其特点是：来势猛、速度快、强度大、破坏力强。凡是有台风影响的海洋国家、沿海地区均有台风风暴潮发生。

案例回放

我国历史上由于风暴潮造成的生命财产损失触目惊心。1782 年清代的一次强温带风暴潮，曾使山东无棣至潍县等 7 个县受灾。1895 年 4 月 28 日、29 日，渤海湾发生风暴潮，毁掉了大沽口几乎全部建筑物，整个地区变成一片“泽国”，“海防各营死者 2 000 余人”。1922 年 8 月 2 日一次强台风风暴潮袭击了汕头地区，造成特大风暴潮灾。

美国也是一个频繁遭受风暴潮袭击的国家，并且和我国一样，既有飓（台）风风暴潮又有温带大风风暴潮。1969 年登陆美国墨西哥湾沿岸的“卡米尔”（Camille）飓风风暴潮曾引起了 7.5m 的风暴潮，这是迄今为止世界第一位的风暴潮纪录。

危害

风暴潮能否成灾，在很大程度上取决于其最大风暴潮位是否与天文潮高潮相叠，尤其是与天文大潮潮期的高潮相叠。当然，也决定于受灾地区的地理位置、海岸形状、岸上及海底地形，尤其是滨海地区的社会及经济（承灾体）情况。如果最大风暴潮位恰与天文大潮的高潮相叠，则会导致发生特大潮灾，如“8923”和“9216”号台风风暴潮。1992 年 8 月 28 日至 9 月 1 日，受第 16 号强热带风暴和天文大潮的共同影响，我国东部沿海发生了影响范围广、损失非常严重的一次风暴潮灾害。潮灾先后波及福建、浙江、上海、江苏、山东、天津、河北和辽宁等省、市。风暴潮、巨浪、大风、大雨的综合影响，使南自福建东山岛，北到辽宁省沿海的近万千米的海岸线，遭受到不同程度的袭击。受灾人口达 2 000 多万，死亡 194 人，毁坏海堤 1 170km，受灾农田 193.3 万 hm^2，成灾 33.3 万 hm^2，直接经济损失 90 多亿元。当然，如果风暴潮位非常高，虽然未遇天文大潮或高潮，也会造成严重潮灾。“8007”号台风风暴潮就属于这种情况，当时正逢天文潮平潮，由于出现了 5.94m 的特高风暴潮位，仍造成了严重风暴潮灾害，如图 5.12 所示。

图 5.12 风暴潮冲毁建筑物

自救对策

（1）风暴潮来临时，沿海附近的人员应迅速撤离港口、海堤，向高处转移，如图 5.13 所示。

（2）停止一切海上生产作业及活动。

（3）风暴潮引发洪水时，应立即撤离。不要死守家园，留恋财物。

（4）听从各级政府应急部门的安排，当需要转移时，应保持冷静，尽快转移，不要携带过多物品。

（5）向所在的村、乡镇等应急部门了解所处地区风暴潮的危害程度，以及正确的疏散路线。

（6）可及时联系居住在安全地的亲属，或转移到地势较高的地方；如果是自己制定的疏散路线，应事先和当地应急部门沟通，商讨路线是否适合。

（7）在转移过程中，要避免在高墙、居民楼、广告牌等下行走，以免被高空坠物砸伤。

图 5.13　转移人员

温馨提示

（1）温带风暴潮主要发生在早春、晚秋及冬季，热带风暴潮主要发生在7—12月，尤以8月、9月份为甚。

（2）受台风、强冷空气、强温带天气等灾害性天气系统影响时，注意收看电视、收听广播和上网查询，及时了解各级预报部门发布的风暴潮预警。

（3）离开家之前，关闭门窗及所有电源；如果时间允许，可将家用电器放置在较高的位置上。

（4）如果家中有老人或小孩行动缓慢，则应仅携带少量必备药品和食物，尽早撤离。

（5）风暴潮过后，被水淹没的地区易发生各种传染病，因此应注意饮食卫生、个人健康，防治“四害”，出现腹泻、发热等症状一定要及时诊治。

（6）关好家中门窗及电源，在应急部门指挥下迅速、有序地撤离，仅携带少量药品和必需品；在转移过程中要避免被高空坠物砸伤。

6 第六章　森林草原火灾

一、森林火灾

森林火灾，是指失去人为控制，在林地内自由蔓延和扩展，对森林、森林生态系统和人类带来一定危害和损失的林火现象。森林火灾是一种突发性强、破坏性大、处置救助较为困难的自然灾害，如图 6.1 所示。

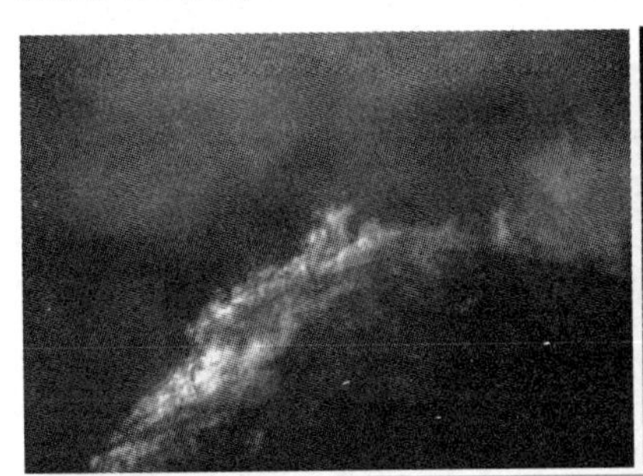

图 6.1　森林火灾

形成原因

1. 人为原因

由于人员有意纵火或无意带入火源而引发的森林火灾。

2. 电击原因

雷电造成或电线被触断引起火花，从而引发火灾。

3．自然原因

森林中堆集的落叶和枯草等，特别是含脂量较高的针叶，在小雨后的潮湿状态下，缓慢氧化发热，在堆积状态下热量得不到散发，温度升高。而温度的升高，又加剧了氧化发热。如此恶性循环，导致了从暗火到明火，从小火到大火的过程，最后引发了森林火灾。在这种状态下，小雨后的烈日，更加速了这个过程。不仅是落叶，在微湿状态下，碎布、棉丝、废纸等，都有自燃现象。

案例回放

1987年5月6日至6月2日，黑龙江省大兴安岭林区发生了特大森林火灾，过火面积101万hm^2。烧毁储木场成材85万m^3，各种设备2 488台，毁坏桥梁、涵洞67座，铁路专用线9.2km，通信线路483km，输变电线路284km；烧毁房屋61.4万m^2，直接经济损失5亿余元；大火中死亡193人，伤226人。

2006年5月21日16时45分，位于大、小兴安岭交汇地带的黑河嘎拉山林场，因雷击引发森林火灾，向北烧入大兴安岭地区的呼玛县境内，向东和南烧入毗邻的爱辉区境内，过火面积约为15万hm^2，烧毁嘎拉山林场、呼玛县北疆乡49户房屋，111人受灾，烧伤扑火人员35人，扑火空运兵力时坠毁直升飞机1架（伤3人）。5月22日10时04分，位于大兴安岭南部、松岭林业局境内的砍都河林场，也因雷击引发森林火灾，过火面积约为18万hm^2。

森林火灾的危害主要有以下几个方面：

（1）烧毁林木。

（2）使自然生态环境和森林生态系统遭受破坏。

（3）危及农牧业生产。森林是农牧业的屏障，失去屏障的农牧业生产必然受到危害。

（4）造成物种濒危或灭绝。

（5）危及人民生命财产安全。

（6）干扰正常的社会经济和工作秩序，造成社会不稳定。

防御对策

（1）建立、健全护林防火组织、制度。

（2）开展护林防火宣传教育。

（3）严格火源管理。

（4）开沟。用铁锹挖沟或用开沟机开沟，可阻止地下火蔓延，隔火沟必须挖到湿土层或砂石层以下 20cm。在阻隔地表火和地下火并发的森林火灾时，在挖隔火沟的同时地上必须开设隔火线。

（5）开辟隔离带。在林火蔓延的前方，采用爆炸、火烧、人工挖掘或拖拉机开设生土带作为隔离带，并把带内的可燃物全部清理干净。开设生土带的宽度、长度要根据当地的树高和坡度的大小以及风向、风速来确定。一般情况下，生土带的宽度需在 10m 以上。当大风天气林区已形成急进地表火和猛烈的树冠火时，生土带的宽度一般需在 50m 以上。在平缓地带，隔离带走向要尽可能地与风向垂直；

图 6.2　开辟隔离带

在山坡地带，隔离带要环山开设，如图 6.2 所示。

自救对策

1. 自救措施

图 6.3 逆风逃生

（1）在森林火灾中对人身造成的伤害主要来自高温、浓烟和一氧化碳，因此，一旦发现自己身处森林着火区域，应当使用沾湿的毛巾遮住口鼻，附近有水的话最好把身上的衣服浸湿，这样就多了一层保护。然后要判明火势大小、延烧方向，应当逆风逃生，切不可顺风逃生，如图 6.3 所示。

（2）在森林中遭遇火灾一定要密切关注风向的变化，因为这说明了大火的蔓延方向，也决定了你逃生的方向是否正确。实践表明，现场刮起 5 级以上的大风，火灾就会失控。如果突然感觉到无风的时候更不能麻痹大意，这时往往意味着风向将会发生变化或者逆转，一旦逃避不及，容易造成伤亡。

（3）当烟尘袭来时，用湿毛巾或衣服捂住口鼻迅速躲避。来不及躲避时，应选在附近没有可燃物的平地卧地避烟。切不可选择低洼地或坑、洞避险，因为低洼地和坑、洞容易沉积烟尘。

（4）如果被大火包围在半山腰时，要快速向山下跑，切忌往山上跑，通常火势向上蔓延的速度要比人跑的快得多，火头会跑到你的前面。

（5）一旦大火扑来的时候，如果你处在下风向，要做决死的拼

图 6.4　点火自救

搏，果断地迎风对火突破包围圈，切忌顺风撤离。如果时间允许，可以主动点火烧掉周围的可燃物，当烧出一片空地后，迅速进入空地卧倒避烟，如图 6.4 所示。

（6）脱离火灾现场之后，还要注意在灾害现场附近休息的时候要防止蚊虫或者蛇、野兽、毒蜂的侵袭。集体或者结伴出游的朋友应当相互查看一下大家是否都在，如果有掉队的应当及时向当地灭火救灾人员求援。

2. 灭火方法

扑灭森林火灾，只要控制住发生火灾的任何一因素，都能使火熄灭。采取的基本灭火方法有：

图 6.5　扑打法灭火

（1）扑打法。当气象条件处于 3 级风以下、林火于初发火时，可通过扑打火苗的方式，稀释可燃气体浓度，也有一定的降温、隔离和窒息作用。扑打时须轻拉重压，避免带起火星，扑打方向不要上下垂直，应从火的外侧向内斜打，边抽边扫，扫拖结合。可组织 3 ～ 5 人为一组，对准火焰同时打落，同时抬起，统一行动。扑打时，体力消耗大，加之烟熏火燎，坚持时间较短，应采取轮流作业，如图 6.5 所示。

（2）土灭火法。对于地面枯枝落叶较厚、林地土壤疏松、杂草灌木较多的地带，可使用铁锹、铁镐等手工具，推土机等大型机具，还有小功率移动式喷土枪等，用土覆盖火线，促使火与空气隔绝、窒息。

图 6.6 风力灭火

（3）风力灭火法。利用风机产生的气流，把燃烧产生的热量带走，使温度降到燃点以下而熄灭。使用时，风力灭火机与火头最少要成 60°，交叉鼓风灭火，如图 6.6 所示。

（4）水灭火法。如火场附近有水，应当用水扑救，用复式水枪、机动水泵、消防车喷水灭火，灭火效率高，如图 6.7 所示。

图 6.7 水枪灭火和吊桶灭火

（5）使用化学灭火剂。利用地面机具或飞机将化学阻燃剂喷洒到火头前、火线上方扑救森林火灾，如图 6.8 所示。

（6）火攻法。当林火已形成高温的急进地表火、强烈的树冠火，用人力难以扑灭，用其他方法开设隔离带有困难，或根本来不及开设隔离带，有时开设的生土带其宽度尚不足已阻止林火蔓延时，均可采用火攻法灭火。首先扑灭外侧火，迎着火头方向点火，让内侧火迎着蔓延过来的火，阻截火向下风头方向蔓延。

图 6.8 飞机喷洒化学药剂灭火

（7）爆破灭火法。用炸药爆炸，炸出一条防火隔离带，以阻止火势蔓延；也可用炸药爆炸火灾，产生冲击波，将火头压下，形成瞬间缺氧状态，以减弱火势。

（8）人工降雨法。人工降雨灭火是在人为促进下，利用自然条件使云层早期降水或增加降水量，以达到灭火的方法，是扑灭大面积森林火灾的有效方法。

温馨提示

（1）退入安全区。人员若遇到森林火灾，要沉着冷静，注意风向和火情的变化，向着火小的地方跑，防止被烧伤、呛晕。尽可能寻找火烧迹地、植被少、火焰低的地区进行避火。

（2）合理点火自救。情况允许的话，选择在比较平坦的地方，一边点顺风火，一边打两侧的火，一边跟着火头方向前进，进入点火自救产生的火烧迹地内避火。

（3）俯卧避险。发生危险时，应就近选择植被少的地方卧倒，脚朝火冲来的方向，扒开浮土直到见着湿土，把脸放进小坑里面，用衣服包住头，双手放在身体正面。

（4）迎风突围。如果发生风向突变的情况，要当机立断，选择林地较少的地方，用衣服包住头，憋住一口气，迎火猛冲突围。千万不要顺着火前进的方向跑，而应选择火势较弱处对着火冲。万一身上着了火，冲出去后在地上打几个滚将火熄灭，安全脱险。

火灾发生时的“迷山”自救

（1）沿水找路法。人们一般在沿江、河、湖建村屯，包括在森林中生产、旅游、狩猎、捕鱼等，都沿水而居，沿水而下一般能找到人或村屯。

（2）实物找路法。迷山后，爬到树上或山脊，观察附近是否有高大建筑物，如高压线，各种塔台、建筑物，若发现时应直奔而去，能找到人类活动处。

（3）点火示意位置。在山脊、漫岗或河滩处，点起火堆，以便于被飞机或灭火人员发现，但人不准离开火堆，防止酿成新的火灾。

二、草原火灾

因自然或人为原因，在草原或草山、草地起火燃烧所造成的灾害称为草原火灾，草原火灾除造成人民生命和财产损失外，还会烧毁草地，破坏草原生态环境，

图 6.9 草原火灾

降低畜牧承载能力，并促使草原退化，如图 6.9 所示。

形成原因

形成草原火灾的因素很多，主要有以下两类：

（1）自然因素。由某些自然现象如雷击火（落地闪电）、火山爆发、滚石火花、泥炭自燃等，引燃的草原火灾。

（2）人为因素。指人类生活、生产用火所引起的草原火灾。如烧荒、烧炭、烧砖、烧防火线、机车喷火、高压线脱落、乱丢烟头、野炊取暖、上坟烧纸、小孩玩火、呆傻人弄火、坏人放火等。

案例回放

2003 年 5 月 21 日 10 时许，从卫星云图上发现蒙古国距我国阿尔山边境 3km 处有草原明火，14 时左右，大火在 10 级风力的推动下，以 20km/h 的速度穿越 543—556 界段，16 时左右，大火蔓延到距阿尔山市白狼镇 2km 处，直接威胁着阿尔山市、白狼镇、五岔沟镇居民生命财产的安全。后经 3 000 余名灭火人员奋战八昼夜才将其扑灭，此次火灾给当地的森林及生态造成了严重破坏，如图 6.10 所示。

图 6.10 阿尔山边境草原火灾

危害

（1）造成经济损失。草原火灾是危害草原的大敌，一场火灾在旦夕之间就能把大片繁茂的草原化为灰烬，给国家和集体造成严重损失。在居民点、农田、山林交错的山区发生了草原火灾，还会烧毁房舍、粮食、农具和耕畜，影响群众生产、生活。发生草原火灾，必须动员大批人员去扑火，既耽误生产，又浪费人力物力，甚至造成人身伤亡事故，给国家人民带来损失。

（2）造成人畜伤亡。草原发生火灾，会对牧民的生命财产造成威胁，造成牧民伤亡，烧死在草原上放牧的牛羊，草原火灾还会烧死林中的大量益鸟、益兽和烧毁各种林副产品。

（3）破坏草原生态环境。草原发生火灾后，草地失去了覆盖，容易造成水土流失，发生水旱风沙灾害，并促使草原退化，影响农业稳产高产。

防御对策

（1）修筑防火公路。在重点草原防火区修筑防火公路，对预防草原火灾非常重要。防火公路形成网络，可以阻止火灾的蔓延，作为扑火的控制地带，在火灾发生时，可以畅通无阻地及时运送扑火人员和物资到达火场。

（2）建设草原防火隔离带。隔离带是阻止火灾蔓延的有效防火措施，它可以作为灭火的根据地和控制线，也可作为运送扑火人力、物资的简易道路，如图 6.11 所示。草原防火隔离带的种类有：国境线防火隔离带宽 80m，省际间防火隔离带宽 30m，铁路两侧防火隔离带宽 50m，草村交际防火隔离带宽 30m。建设草原防火隔离带的方法有机耕法、化学除草法、火烧法等。

（3）营造防火林带。在铁路和公路两侧，草原边缘，居民区，工矿企业等周围，大面积草原内，均可营造防火林带。为了起到良好的隔火作用，应选择适合当地的防火树种、林带，结构设计要尽可能地紧密，最好为多层结构，使林带内保持一定的湿度，水分不易蒸发，火在林带内不易蔓延，能充分发挥林带的隔火作用。

图 6.11　防火隔离带

（4）建立草原区通信网。主管草原防火的部门要设置专用电话、电台，各级草原防火指挥部门、防火站和瞭望台都应设置电话、电台，形成通信网。

自救对策

1. 遭火袭击时的脱险方法

（1）快速转移。发现大火袭击时，只要时间允许，就应迅速转移到安全地带躲避，转移时应选择安全路线。

（2）冲越火线。当情况紧急，来不及使用其他方法时，要选择火势弱、地势平坦、杂草稀疏的地方，用衣服蒙住头部，以最快的速度逆风冲过火线；乘车冲越火线时，要关紧汽油箱盖，擦净汽油箱外的汽油；冲越火线千万不能顺风顺火跑。

（3）点火避火。大火袭来时，如果时间允许，应选择植被稀少的草地分头顺风点火，然后进入火烧迹地卧倒避火。凡有火烧迹地、道路、河沟等可以依托的地形，应果断地分工在可利用地形的外侧迎风点火，使新点的火往大火头方向逆风蔓延，用火去阻止大火的蔓延，扩大可利用的安全范围。

（4）卧倒避火。当来不及点火时，可以就近选择河沟、无草或草稀少的平坦地带，用衣服蒙住头部，在有水的地方，应把衣服浸湿，两手压住胸部下面卧倒避火。为了防止烟害，卧倒时要用湿毛巾捂住口、鼻，并在地上扒个土坑，把脸贴近湿土呼吸。

（5）开辟防火道。如大火威胁到居民住宅、畜群点或其他建筑设施时，要及时设阻隔地带，保障其安全。采用直接灭火方法，不能控制火灾时，要充分考虑地形、地物，将火头赶往道路、河流、荒漠等地带，以阻止燃烧。如没有这类地形、地物条件，又无其他方法控制火势，而火势有可能延烧到大面积的草场或窜燃森林、居民点、畜群场等处时，在火头前进方向的一定距离处，采取各种措施开辟防火道，阻止火势蔓延。

2. 灭火方法

由人们运用灭火机具，直接灭火。常用的方法有扑打法、沙土埋压法、水灭法、化学药剂喷洒和风力灭火机灭火法。上述方法如能同时进行，效果更佳。

图 6.12 扑打灭火

（1）扑打法。用树枝或木棍绑着苫布、毡片扑打。扑打时人要站在火头两侧，与火苗保持一定距离，来回扑拉火苗，如图6.12所示。

（2）沙土埋压法。用铁锹铲沙土埋压火焰。

（3）如有水源和喷洒化学药剂的条件，可喷洒水或化学药剂灭火。

（4）风力灭火机灭火法。如用灭火机灭火，风力灭火机与火头最少要成 60°，交叉鼓风，如图 6.13 所示。

图 6. 13　风力灭火

（5）在交通不便、人烟稀少的偏远地区采用航空灭火，即利用飞机进行机降灭火、空中喷洒灭火，航空灭火不受地形交通限制，具有速度快、灵活机动、战斗力强等特点。空中喷洒是利用飞机在空中向火场洒水或喷洒化学药剂进行阻火、灭火。机降灭火也是利用直升飞机将扑火人员迅速送到火场的一种方法，它对及时控制火灾蔓延，将火消灭在初发阶段具有重要意义。

温馨提示

（1）用手工工具灭火作业时，两人之间要间隔 3m 以上距离，防止互相碰伤。

（2）就餐、休息、宿营时，应选择在河滩、火烧迹地等安全地带。严禁选择高原区、狭窄的小沟塘、山腰、风口处宿营。要安排观察哨，防止受火袭击，必要时开设防火线。

（3）应随身携带火柴、打火机、点火器等引火物，用于遭火袭击时点火自救，走失时点火发出求救信号，夜间引火取暖。

（4）防止被地下火烧伤。

①地下火的判断方法一般是白天看烟，晚上看火光，早晨看烟气。

②从无烟的地方向外绕，逐步向有烟有火的地方试探，用手摸地面有无热度，闻有无烟味。

③一旦察觉地面有热的感觉或烟味时，就要停止前进，防止掉进燃烧的腐殖层中。

迷失方向时的自救：

（1）立即停下来，调整稳定自己的情绪，判定方向、走出的时间和距离及现在所处的大概位置，然后确定正确行进方向。

（2）如果继续行进没有把握，可循原路返回。在草原上可以根据太阳、月亮、北斗星判定方向，也可以用其他方法判定，如房屋的门多向南开，山坡多是南陡北缓等。

（3）如果一时辨不清方向，又无把握返回，就应作下一步的安排，计划好食物和饮水的用量，保管好、使用好所携带的引火物，做好长期打算。

（4）在容易被发现的地方点火，用火光和烟雾发出求救信号；白天注意空中有无搜寻飞机，夜晚注意有无找人的火光；听到枪声或喊声要注意辨清声音传来的方向，防止由于心情紧张或高山造成的回音产生错觉。

（5）如遇公路，要沿路行走和休息；发现河流时，要顺河流往下游走寻找人家；遇到电杆，要顺着电杆路线寻找人家；在火烧迹地上迷失方向，要沿火烧迹地的边缘走，因为灭火人员多在这些地方活动。